東北大学出版会ブックレット　005

海洋瑣談

JN122426

花輪　公雄　著

東北大学出版会

Kaiyousadan
Kimio HANAWA
Tohoku University Press, Sendai
ISBN978-4-86163-386-7

はじめに

日本における気象学の創始者の一人である岡田武松（1874-1956）は、一九二三年から一九四一年までの一九年間の長きにわたり中央気象台（現気象庁）の台長（第四代）を務めた。一九〇五年には予報課長として、日露戦争の雌雄を決した日本海海戦の日の天気予報「天気晴朗ナルモ浪高カルヘシ」を出したことでも知られている。

日本海洋学会の岡田賞は、岡田が一九四一年から一九四七年まで日本海洋学会の初代会長であったことからその功績を称え、「三六歳未満の海洋学会員で、海洋学において顕著な学術的業績をあげた者」に授与する賞として一九六四年に制定され、現在まで続いている。

岡田は気象学にかんする著作を多く遺しており、教科書を上梓した他に、エッセイ集も出している。一九三三年には鐵塔書院から『測候瑣談』を、一九三七年には岩波書店から『續測候瑣談』を出版している。なお、同年のうちに『測候瑣談』も同じく岩波書店から出版した。二〇〇八年五月のこと、宇野木早苗先生から岩波書店が出版した岡田著の二冊の本が私へと送られてきた。これらの本を私の手元に置いてほしいというのである。私は、岡田の本の存在をその時まで全く知らなかった。「瑣談（さだん）」とは、「取るに足らない、つまらない話」という意味であるが、読んでみると大変楽しく、かつためになるエッセイ集であった。この本を読んで以来、いつか機会があったら「海洋瑣談」なる書名で、これまで書いてきたエッセイをまとめたいものだとずっと思ってきた。

私は二〇〇五年七月より毎月、「折に触れて」と題して、感じたことや考えたことを文章にし、研究室のウェブサイトへ掲載してきた。本ブックレット「海洋瑣談」は、これらの中から、海洋や気象、気候などをテーマにしたエッセイ四三編を集めたものである。海洋瑣談の名の通り、肩の凝らない「取るに足らない、つまらない話」であるが、いっとき楽しんでいただけたなら幸いである。

長い間、毎月「折に触れて」の原稿をウェブサイトへ掲載してくれた、東北大学大学院理学研究科地球物理学専攻地球環境物理学講座の宮本健吾さんと杉本周作さんに感謝申し上げる。また、本書をまとめるにあたり東北大学出版会の小林直之さんに貴重なご意見を頂いた。記して感謝の意を表する。

二〇二二年八月二五日

四方を山に囲まれた山形の大学にて

花輪　公雄

【追記】

この「はじめに」に記した『測候瑣談』『續測候瑣談』を贈ってくださった宇野木早苗先生は、いわば本書の生みの親である。その宇野木先生が、まさに本書を準備中の二〇二二年八月二七日に、老衰のため鬼籍に入られた。享年九七歳。本書を宇野木先生に見て頂くことが私の楽しみであったのだが、残念ながらそれは叶わなくなった。本書を宇野木先生に捧げたい。合掌

目　次

1　浜ちゃんは「はまさき」

最近、丸谷才一氏のエッセイ集『花火屋の大将』（文春文庫、二〇〇五）を読んで、うすうすそうだとは思っていたが、ハタと合点したことがある。それは、人名表記と読み方についてである。ある出版社が文学辞典を改訂したとき、外国人の名前には発音記号を付すようにと編集部が注文したのだそうだ。文献では調べようがなく、担当者たちはずいぶん苦労したという。ある担当者は、本人に直接手紙を書き、数種類の読み方まで付けて、どれが正しいか聞いたそうだ。本人からの返事は、表記さえ正しければ読み方などはどうでもいいとのことだったという。

丸谷氏は、「われわれ日本人は仮名といふ調法なものをもってゐるから、ここのところが理解しにくいのだ」と指摘する。日本語には、漢字という表意文字のほかに、「ひらがな」や「カタカナ」という表音文字をもっているのがその理由というのである。確かに、公的な文書では、名前に「ふりがな」や「フリガナ」を付けることが要請される。実際、日本人は読み方を気にする人が多く、釣りバカ日誌のハマちゃんこと浜崎伝助氏は、いつも「はまざき」ではない「はまさき」だと言い張る。

国際的な研究集会などに行くと、いろいろな発音で呼ばれる研究者がいる。そして、みんな直そうともしない。そのような一人が、三〇代の若さでWOCE（世界海洋循環実験：世界気候研究計画のサブプログラムの一つ）計画を指導した米国のCarl Wunsch博士である。研究集会では「ウンシュ」、あるいは「ブンシュ」と呼ばれることもあるが、圧倒的に「ウンチ」と発音されることが多い。

私の最初の外国出張は、一九八四年、イタリアのベネツィアで開催されたNATO高等研究集会、WOCEの水塊形成に関するシンポジウムへの出席であった。Wunsch博士も家族連れで参加していた。ベネツィア在住の研究者の自宅で歓迎のパーティがあったとき、Wunsch博士の五～六歳くらいの息子さんもいたので、名前はどう発音するの、と聞いてみた。彼の答えは、口をうんとすぼめて「ウゥーンシュ」であった。以後、私はWunsch博士をこう発音している。

それにしても、日本人の私としては、女性研究者のタリー（L.D. Talley）さんやケリー（K. Kelly）さんの口から、「ウンチ」と聞くのは…。

（二〇〇五年七月一九日）

2　歴史は美化される

私は活字中毒人間である。出張や旅行のときは、必ず何らかの本を携える。それらは予めこれを読もうとして自宅から持参するものもあるし、駅や空港の本屋で背表紙を眺めて選んだものも多い。

二〇〇一年三月七日、ハワイ大学の東西センター（East-West Center）で開催されるＰＩＣＥＳ（北太平洋海洋科学機関）関係の国際ワークショップに出席するため、仙台空港を飛び立った。そのとき、仙台空港の本屋で見つけた本が、ピエール＝ジル・ド・ジェンヌ（Pierre-Gilles De Gennes）とジャック・バドス（Jacques Badoz）が書いた『科学は冒険！　科学の成功と失敗　喜びと苦しみ』（講談社ブルーバックス、西成勝好・大江秀房訳、一九九九）であった。

著者達は、パリ物理学高等学院の校長と教授で、第一著者は一九九一年にノーベル物理学賞を受賞している。この本には、主に地方の高校の生徒達に対して行なった著者たちの講演内容がまとめられている。科学の解説や教育論が展開されているのだが、全編明快な論理で、多くのところで考えさせられた。何気なく手にした本が旅の良き道連れとなったケースであり、これは私にとって旅行の楽しみの一つである。

ところで、この本の中に誤りを見つけた。本の最後の方、「流氷の流れが語りかけた大発見」(二四六〜二四七ページ)なる節の記述である。以下、その節から二つの段落を引用しよう。

「これまで主張してきたことの証として、歴史から具体例をとりだすことほど説得力をもつものはないでしょう。私にとってもっとも印象深い実験家たちの中で、とくにスウェーデンの海洋学者V・W・エクマン(Vagn Walfrid Ekman, 1874-1954)をしばしば引き合いに出します。二〇世紀の初め、若きエクマンは、春の解氷の時期に、バルト海の強い西風に吹かれながら流氷の動きをながめていました。氷塊は風の方向に移動しているようにみえましたが、注意をこらすと、風の向きと正確には一致していないことに気づきました。わずかに左側にずれているのです。

家に戻った彼は、その理由について考えをめぐらし、この〝ずれ〟が地球の自転が流体(海水)を通して伝達された結果であると確信するにいたったのです。彼は、大海流について理解するうえで前提条件となる、いわゆる『エクマン層の理論』をうち立て始めました。この発見で注目すべきことは、計算力のあるなしがほとんど関係していないということです。ただ、その意味では、誰でも扱えるテーマなのです。流氷が予想された方向からちょっとずれて移動していたことに気づいたのは、天才的手際のよさがなせる業といえましょう。」

この節の趣旨は、数学、すなわち計算力が物理学研究にとって大事なのではなく、物事の本質をつかむことにあると主張することである。この意味では、このようなエピソードの紹介は問題ない。しかし、取り上げられたこのエピソードには、残念ながら二つの致命的な間違いがある。

海洋物理学や気象学を学んだ人ならすぐに気づいただろう。一つは、流氷の移動が風向きから「左側にずれている」ことである。著者たちは、エクマンがバルト海で観察していると設定しているので、北半球の現象を観察していることになる。そう、北半球でのコリオリ力(転向力とも呼ぶ)は物体の進行方向の右手直角に働くので、流氷の風の向きからのずれは、「左側」ではなく、「右側」でなければならないのである。

もう一つ、これはもっと致命的である。それは、このエピソードそのものなのである。このエピソードは著者のまったくの勘違い、間違った思い込みによると思われる。エクマンがエクマン層の理論を打ち立てたエピソードの事実は、以下の通りである。まず、流氷が風の向きからずれるとの発見は、フリッチョフ・ナンセン(Fridtjof Wedel-Jarlsberg Nansen, 1861-1930)が、一八九四年から一八九六年にかけて、フラム号で北極探検に行ったときの観察である。そして、ナンセンが帰国し、ビルヘルム・ビヤルクネス(Vilhelm Friman Koren Bjerknes, 1862-1951)にこの観察結果を伝えた。ビヤルクネスは、彼の学生であったエクマンにこの問題を理論的に解くようにと指示し、エクマンは見事にこの謎を解いた。論文は、一九〇二年にノルウェーの雑誌にスウェーデン語で、英語での出版は一九〇五年、そしてドイツ語での出版は一九〇六年のことである。一般には、一九〇五年に出版された英語の論文が引用される。

せっかくの著者達の主張も、取り上げたエピソードが間違いであっては台無しである。しかし、著者達が言いたかった「科学は計算力のあるなしとは無関係」とする主張は、一切変える必要はない。適切なエピソードに差し替えればいいだけである。

それにしても、歴史的事実は、ナンセンの鋭い観察、ビヤルクネスのその重要性の認識、エクマンの明快な謎解き、という道筋があるのだが、このエピソードではすべてがエクマン一人の話になってしまっている。歴史は、いつも美化されるようである。

ところで、二〇〇一年三月にこの本を読んで以来、この間違いをどう指摘したらいいものか、実は悩んできた。著者とはもちろん一面識も無い。出版社である講談社に伝えるべきか、訳者に伝えればいいのか。今のところ何もアクションを取っていない。

エクマンがエクマン層の理論を提出した一九〇五年は、アルベルト・アインシュタイン(Albert Einstein, 1879-1955)が、「特殊相対性理論」「光量子仮説と光電効果」「ブラウン運動」に関する三つの理論を展開した論文を出版した年でもある。ユネスコや物理学の世界では「アインシュタインの奇跡の年」として、百周年にあたる今年を「国際物理年」と定め、多くの行事を行なっている。私たちの分野では、このエクマンの仕事は、物理学におけるアインシュタインの仕事に匹敵する重要なものであると認識されている。

（二〇〇五年八月一二日）

3　主人公の世代交代

多くの人は「次の作品の発表が待ち遠しい」と思っている好きな小説家・作家をもっているのではなかろうか。私の場合、外国人作家の中では、クライブ・カッスラー（Clive E. Cussler, 1931-2020）とトム・クランシー（Thomas L. Clancy, Jr., 1947-2013）の次回作が群を抜いて楽しみである。

二人とも二〇〇五年の夏に相次いで新作が発表された。もっとも、原作ではなく翻訳本を読んでいるので、この夏の新作なる表現は厳密には正しくはない。原作はどちらも二〇〇三年にすでに刊行されている。

カッスラーの小説では、国立海中海洋機関（NUMA）に勤務するダーク・ピットを主人公とするシリーズを楽しんでいる。その中の一つ『死のサハラを脱出せよ』（新潮文庫、一九九二）を原作とした映画「サハラ―死の砂漠を脱出せよ―」が、今年日本でも公開された（私は見逃がしてしまったが）。小説には海洋に関する情報がふんだんに取り入れられており、その広さと深さはいったいどのようにして仕入れたのだろうと思うほどだ。もっとも、そんなことはありえないよ、それは大げさだよ、と思う部分も多々あるのだが。いずれしても、小説好きな海洋研究者への、私のお薦めのシリーズである。

新作『オデッセイの脅威を暴け』（新潮文庫、二〇〇五）では、ピットの息子ダーク・ジュニアと娘サマーが登場した。二人は双子で、それぞれニューヨーク州立大学海洋学部出身の海洋技術者、スクリプス海洋研究所出身の海洋生物学者として、父親と同じNUWAに勤務しているとの設定である。前作『マンハッタンを死守せよ』（新潮文庫、二〇〇二）で劇的な親子の対面をしていたのであるが、新作では、完全に主役として登場している。前作まで若々しかったピットであるが、新作ではどうも鈍く、とても老けた感じに描かれている。これからのこのシリーズの主役は、ダーク・ジュニアとサマーの双子の兄妹に完全に移ってしまうのであろうか。

一方、クランシーの小説も面白い。オプ・センター・シリーズなどの人気シリーズもあるのだが、待ち遠しいのはジャック・ライアン・シリーズである。日航機が米国の国会議事堂に突っ込んだ（『日米開戦』、新潮文庫、一九九五）ことで、思いがけず米国大統領に就任しなければならなくなった（『合衆国崩壊』、新潮文庫、一九九七）、ジャック・ライアンの活躍を描いたシリーズである。

新作『国際テロ』（新潮文庫、二〇〇五）は、ライアンの息子のジャック・ジュニアと甥である双子のクルーソー兄弟の話である。ジャック・ジュニアはこれまでも登場していたが、あくまでライアンの子供としてであって、決して物語の中心ではなかった。それが、今回、物語の中心人物として登場し、父を超える逸材として描かれている。この作品には、父親であるライアンも、ジョンズ・ホプキンス大学医学部の眼外科医である母親キャッシー・ライアンも、まったく登場しない。

カッスラーとクランシーのそれぞれの新作の主人公は、これまでの主人公の息子と娘という次の世代へと移ることとなった。二人とも、きっと、主人公を世代交代させることで物語のさらなる発展の可能性を求めたのに違いない。

両作とも、物語自体はこれまでのように十分楽しめたし、次の作品も待ち遠しい。しかし、待ち遠しいのはその通りなのだが、この主人公世代交代の作品に出会い、ジャック・ライアンやダーク・ピットと同じように、私自身が急に老けたような、活動の場を奪われたような感じを抱いてしまった。さて、ダーク・ピット・シリーズ、ジャック・ライアン・シリーズを愛読している皆さん、皆さんの読後の感想は、いかがだったろうか。

（二〇〇五年一〇月一五日）

4　ウォーカー卿とラマヌジャン

お茶の水女子大学理学部の数学者、藤原正彦教授は、名エッセイストとして知られている。私は彼のほとんどすべての著書（もちろん専門書以外の本です）を読んでいる（と思う）が、その軽妙洒脱な筆致には、いつもうなってしまう。小説家新田二郎氏（1912-1980）を父に、藤原ていさん（1918-2016）を母にもつ同氏は、文学的才能も十分にご両親から引き継がれたのであろう。

数年前、同氏の『心は孤独な数学者』（新潮文庫、二〇〇一）を手に取る機会があった。氏が尊敬してやまないニュートン、ハミルトン、ラマヌジャンという三人の天才数学者のことを書いたものである。各人の数学的業績の紹介ではなく、彼らが過ごしたり訪問したりした場所を藤原氏自身が実際に訪れ、一人ひとりの生き方について想いをめぐらしたことを記している。エッセイというよりは、紀行集のような作品である。

さて、インドのシュリニバーサ・ラマヌジャン(Srinivasa A. Ramanujan, 1887-1920)の天才ぶりについては、この本に限らず多くのところで語られている。イギリスのケンブリッジ大学の大数学者、ハーディ(Godfrey H. Hardy, 1877-1947)教授がラマヌジャンを見出し、彼を世に送り出した。後に、ハーディ教授は、「私の数学界への最大の貢献はラマヌジャンの発見である」と述べたらしい(同書一一四ページ)。

藤原氏のこの本の中で、インドの港湾局事務員であったラマヌジャンが世に出るきっかけを作った一人に、ウォーカー卿(Sir Gilbert Walker, 1868-1958)が出てきたので驚いた。そう、インド気象台の長官で、モンスーンの予測の研究過程で「南方振動」を発見したウォーカー卿である。今の言葉でいえば、「大気海洋相互作用」の先駆けの仕事を精力的に行ない、インド・モンスーンの研究の中から「南方振動」を発見した。そしてこれらの業績により、赤道域大気の東西循環に「ウォーカー循環」と冠を付けられたその人である。

以下、藤原氏の本から引用する(同書一六九ページ、以下「　」は引用した部分)。ラマヌジャンはすでにハーディ教授とは手紙のやり取りをしていたものの、まだ、イギリス行きが決まっていなかったときのことである。

「折しも、港湾局長のスプリング卿を、気象台長のウォーカー博士が、潮の干満調査のために訪問する。大気大循環モデルの草分けであり、モンスーンの父とも呼ばれるこの著名な気象学者は、実はケンブリッジで数学を専攻し、トライポスでは最優等賞までとった人物だった。ウォーカーばかりでなく、ケンブリッジでは、学部時代にまず数学を専攻し、後に他分野に移るという人がよくいる。経済学のケインズや哲学のラッセルをはじめ、多くのノーベル物理学賞受賞者がそうである。」

文中、「大気大循環モデルの草分け」なる形容は、私たちや気象学者の認識とは違うのだが、それはさておき、ウォーカーはケンブリッジのトリニティ・カレッジを出た数学者であった。トライポスとはケンブリッジの卒業試験のことで、当時四日間ぶっ通しの試験が二回行なわれたという。大変難しい試験であるが、ウォーカーは最優等の成績をとった。R・

W・カッツの論文（Katz, 2002）によれば、ウォーカーは大学卒業後、トリニティ・カレッジのフェロー、そして講師として一九〇三年までとどまる。一九〇三年、当時インド気象台長であったジョン・エリオットが数学に強いウォーカーを強く後任に推薦したことにより、ウォーカーはインドに渡り、翌年から台長の職に就く。また、英国ロイヤル・ソサイアティのフェローに選ばれたのもこの年であった。

　引用したウォーカーのスプリング卿への訪問は、藤原氏の本には日付が明記されていないのだが、一九一三年のことと思われる。面会したとき、局長は、「自慢の部下ラマヌジャンの数学の研究成果を、本人ではなく上司のナライヤ・イーヤーに説明させた」。「説明を受けたウォーカー博士は驚愕し、さっそく翌日、マドラス大学に（奨学金を与えるよう‥筆者注）手紙をしたためる」。

　マドラス大学はこの要請を受け、月々七五ルピーの研究奨学金を二年間にわたりラマヌジャンに支給することを決めた。義務は、三か月ごとに研究報告書を提出することだけだったという。

　奨学金をもらうことになったラマヌジャンは、すぐ港湾局に休暇願を出し、マドラスで家族とともに住み、「生まれてはじめて食べ物の心配をせずに、数学にうちこめるようになった」のだという。

　藤原氏の本では、この出来事の帰結として、次のように結んでいる（同書一七六ページ）。

「青緑の内壁に沿って並べられた長い机と籐椅子の、定まった席に陣取って、ラマヌジャンは何の心配もなく、数学に明け暮れていたのである。数学において、新しい知見を得た瞬間とその後しばらくは、たとえようもない喜びに満たされるものである。並の数学者は年に一、二度だが、ラマヌジャンにはそれが毎日起きていた。人生で最も幸せな日々であった。」

　その後ラマヌジャンは、ハーディ教授の熱心な誘いにより、一九一四年に渡英した。ウォーカーとの出会いがなかったら、ラマヌジャンの英国行きはもう少し違った形になっていたように思える。天才は、天才のみが理解できるといわれるが、このエピソードもそれを物語っているのではなかろうか。

　なお、ウォーカーは、一九二四年、気象台長としての職を終え、イギリスに帰国している。その間のウォーカーの功績に対し、同年、英国王はナイトの称号を与えた。そこで今、私たちは彼をウォーカー卿と呼んでいる。

【参考文献】
Katz, R.W., 2002: Sir Gilbert Walker and a connection between El Nino and statistics. Statistics Science, 17 (1), 97-112.

（二〇〇五年一一月一五日）

5　台風の「吸い上げ効果」

今年（二〇〇五年）八月二九日、アメリカ、ルイジアナ州ニューオーリンズ市を襲ったハリケーン「カトリーナ」は、一〇〇〇人を超える犠牲者を出す大惨事をもたらした。未だに大掛かりな復旧作業が行なわれている。このカトリーナの大惨事からほぼ一週間後の九月六日、我が国には台風一四号が上陸し、死者二六人という痛ましい被害をもたらした。

台風一四号の接近のとき、テレビやラジオなどのメディアからは、台風の「吸い上げ効果」による水位上昇が高潮をもたらす要因であるとの報道が盛んに流れた。アナウンサーが読み上げる原稿でも、登場する気象予報士の解説の中でも、この言葉が頻繁に使われていた。

この「吸い上げ効果」という表現、私は気になって仕方がない。あたかも、台風が海水を「吸引」しているかのような表現だからである。

台風による海面水位の上昇とは、大気が海面を押し付けている圧力（ほぼ上空に存在する大気の重さに等しい）が減ることでその分だけ盛り上がるというものである。例えば、ビニール袋に適当量の水を入れて横たえたとしよう。水の入った袋のどこかを指で押すと、押した分だけ今度は周辺が盛り上がる。これと同じような現象が海洋に起こっていると考えればよい。

沿岸で計測している水位（あるいは潮位）は、計測の歴史が大変古く、また、沿岸や沖合の海洋変動についての多くの情報を含んでいるので、海洋物理学の分野では重要な資料である。しかし、気圧の増減による水位の変化は、ある程度長い（一日以上）時間スケールでは、もっぱら静的に応答し（時間の遅れなどを考えなくともよいこと）、その応答も表面から海底まで一様（これを「順圧応答」と呼ぶ）であるので、考察の対象から除くことが多い。このため、1hPaあたりマイナス1センチメートルの補正を行ない、標準気圧（例えば、一〇一三hPa）のもとでの水位に直す。これを逆（転倒）気圧補正と呼ぶ（英語ではinverted barometric correction）。海洋物理学では、このように補正した標準気圧のもとでの水位変動を考察対象とするのである

台風の「吸い上げ効果」は、もうすっかり一般の方にもおなじみの言葉となっている。それはそれでいいのだが、それでもなんとなく、私はしっくりこない。皆さんは違和感をもたないだろうか？　代案でもないが「気圧低下による海面上昇」なる表現が一番わかりやすいと思っている。もっとも、台風は周囲より気圧が低いので、海水を吸引しているとの「比喩的な表現」でもいいではないか、という主張も聞こえてきそうではあるが。

（二〇〇五年一二月一五日）

6　再び「台風」の吸い上げ効果

先のエッセイで、台風の吸い上げ効果なる表現に違和感があることを記したが、再度これに取り上げる。ただし、今回のタイトルでは、「　」を吸い上げ効果のほうではなく、台風のほうにつけた。

最近、海洋関係の人達とのナイトサイエンス（夜の飲み会のこと）でこの話題を出したところ、同じように違和感をもつという人がいた。彼が指摘するには、竜巻が水を吸い上げるようなイメージと混同するからとのことである。私もその通りと考える。

竜巻は、強い風が吹く領域の半径がせいぜい数メートルから数十メートルの渦である。強い上昇気流を伴っているので、地表面にあるものは「螺旋」を描きながら大気中に持ち上げられる。地表面が海面のときは、海水がしぶきとなって巻き上がる。

また、ときおり海面から蒸発した水蒸気が上昇の過程で凝結し、それが可視化される（目に見えるようになる）現象をwater spoutsと呼んでいる。「水竜巻」とでも訳せばいいのであろうか。インターネットでこの語を入れて検索すると、写真や動画を見ることができる。台風は竜巻と同じような〝渦〟ではあるが、その大きな空間スケールのために、地球の自転の効果が効いている（コリオリ力が働いている）渦である。

ここで、台風の〝風〟に対する（岸から離れた）外洋の応答について考えてみよう。実は、台風の風の場は「水位の低下」をもたらすのである。これは次のような理由からである。地球は回転しているので、海面上を風が吹くと、引きずられる海水は風下側に真っ直ぐ移動するのではなく、コリオリの力により、北（南）半球では風下に対し右（左）側にずれる。北半球を想定すると、海水中の引きずりの程度（粘性係数）が一定であれば、海面における流れは右手四五度に向き、深くなるにつれて弱まりながら、運動の方向は時計まわりにずれていく。すなわち、流れの向きは「螺旋」を描くことになる。これを「エクマン螺旋」という。また、海面から海水が引きずられている層（およそ十メートルから数十メートルのこの層を「エクマン層」という）までの流速を積分し、全体としてどの方向に水が引きずられるかを計算すると、風の向きの右手直角方向となる。図に描いてみればすぐわかるように、台風のような反時計まわりの風の場では、エクマン層の水は、台風中心から外に向かって動くことになる。このような流れの場を発散場という。水が外に押し出されているような場であるので、その中心部の水位は低くなる。

台風の風に対する応答は、その中心部で水位の低下をもたらすと書いたが、これは岸から離れた外洋のことであり、岸がある場合、話は簡単ではない。風向きによっては海水が岸に吹き寄せられ、水位の上昇が起こる。沿岸で台風による水位の上昇が特に大きくなるのは、この「吹き寄せの効果」が加わるときである。

さて、台風の〝風〟は、水位を低下させる働きをする。しかし、台風の中心気圧は低いので、気圧低下による水位の上昇のほうが勝り、水位は台風周辺の海域の水位よりも高くなる。このような観点からも、「台風」の吸い上げ効果なる表現には違和感をもつのである。

なお、宇野木早苗先生の教科書『沿岸海洋物理学』（東海大学出版会、一九九三）では、「台風の中心は気圧が著しく低いので、いわゆる吸い上げ作用で、台風内の海面は周辺海面に比べて大きく盛り上がり」なる表現をしている（同書二八八ページ）。また、宇野木先生と久保田雅久さんとの共著『海洋の波と流れの科学』（東海大学出版会、一九九六）では、「気圧降下にともなう静的水位上昇」（同書一一六ページ）、あるいは、「気圧の吸い上げ作用」（同書一一九ページ）と表現している。「台風の」や「台風による」ではなく、「気圧の」や「気圧降下にともなう」としているのである。これらは注意深い言葉の使い方であると私は思っている。

どうでしょう、「台風の吸い上げ効果による」水位の上昇よりも、そのまま「気圧低下による」水位の上昇のほうがすっきりすると思いませんか。

（二〇〇六年三月一五日）

7　体格指数と海上気象観測

キログラムで表した体重を、メートルで表した身長の二乗で割った数値が「体格指数」である。英語ではbody mass indexであるので、頭文字をとって「ＢＭＩ」と表現されることも多い。これまで、適正な体重はどの程度であるのかについてはさまざまな指数が使われてきた。例えば、センチメートルで表した身長から一一〇を引いた値(キログラム)が標準である、などと。しかし、最近はこのＢＭＩがよく使われている。実際、私が四〇歳になって以来毎年行なっている「人間ドック」の報告書では、二〇〇一年までは「肥満度(実測体重から標準体重を引き、標準体重で除したもの。%で表す。)」で表現されていたものが、翌二〇〇二年からはＢＭＩで表現されるようになった。ちなみに、男性の「普通」と「やや肥満」の境目は二五であり、私の数値もこの辺りをさまよっている。

外洋を航行するすべての船舶は、気温、風向・風速、気圧、湿度などを計る標準的な測器を備え、一日に何回か定期的に「海上気象観測」を行ない、我が国でいえば気象庁など、最寄りの気象機関に報告することが義務付けられている。現在、我が国では、この観測は「気象業務法」および「気象業務法施行規則」で規定されている。海上気象観測は、日常的に世界中の国々に籍を置く船舶で行なわれているが、この制度ができたのは今から一五〇年以上も前の一八五三年、ベルギーのブリュッセルで開催された(第一回)海事会議(Maritime Conference)でのことであった。この海上気象資料は、これまで世界中で約二億通(一連の観測の回数)あり、気候変動や地球温暖化の研究に欠かせないものとなっている。

さて、思わせぶりに二つのことを書いたが、ここに登場する主役は、ベルギー人の科学者、アドルフ・ケトレ(Adolphe Quetelet, 1796-1874)である。

ケトレは、数学者、とりわけ統計学者にして天文学者として紹介されることが多い。ケトレは一八一九年にベルギーのゲント大学(Ghent University)で博士号を取得し、その後、数学を教えていた。一八二四年にパリに留学し、天文学のほか、ラプラス（Pierre Laplace, 1749-1827）やフーリエ（Joseph Fourier, 1768-1830）から確率論を学んだ。一八二八年には自らの寄付によって天体観測や気象観測を行なう王立観測所（Royal Observatory）を設立し、その初代所長となった。

当初ケトレは、確率論や統計学を天体や気象の観測資料に用いたのだが、その後、人間も含めて社会のさまざまな現象に確率・統計学を応用したという。例えば、人間の肉体的要素（身長、体重など）の多くの資料を収集し、それらが正規分布であることを確認して、その平均値を典型的な値とみなした。そして、全てが平均値をもつ人間として、「平均値人間（average man）」なる概念も提案した。このような研究の中での成果の一つが、先のＢＭＩ（海外では、ケトレ数とも呼ばれているらしい）であった。ケトレは、統計学を導入することで社会科学の成立にもっとも大きな影響を及ぼした研究者ということで、「近代統計学の創始者」とも呼ばれている。

また、ケトレは、とりわけ国際的な研究協力を行なうことに努力したようである。実際、第一回国際統計学研究集会を一八五三年に主催しているという。まさに同じ年の八月から九月にかけて第一回海事会議がベルギーのブリュッセルで開催された。一〇か国から一二名が参加しているが、主導したのはケトレと米国海軍所属のモーリー（Matthew Fountain Maury, 1806-1873）である。ケトレを紹介する資料からは、この海事会議を主催したことはまったく見つけられなかった。いずれ、モーリー側からこの経緯を調べてみようと思っている。

なお、我が国の海上気象観測は、内務省令により一八九〇年から義務付けられ、資料が収集されている。当初、神戸海洋気象台がこれらの資料を収集・保管したので、これらの資料は現在「神戸コレクション」として、世界的に知られている。

さて、一九九九年九月一三日から一七日まで、東京都立大学にて「Climate Change and Variability -Past, Present and Future-」と題する国際研究集会が開催された。私はこの中で、「Reconstruction of sea surface wind field using historical sea level pressure data」と題する講演を行なった。休憩時間、講演の終わった私のところに、海上気象観測が開始された経緯は知っていますかと尋ねてきた紳士がいた。ベルギー王立気象研究所（王立観測所を引き継いだ施設）の海洋部門の長であるデマリー博士（Gaston R. Demaree）であった。このときの話の中にケトレの名前が出てきた。その話しぶりから、彼はケトレをたいそう尊敬していることがわかった。また、一八五三年の海事会議の議事録が出版されているというので、彼からそのコピーを送ってもらう約束をした。その後、その年の一一月になってコピーが送られてきた。偶数ページに英語で、奇数ページにフランス語で書かれた二〇〇ページに及ぶ議事録であった。

なお、ケトレの記述は、インターネット百科事典ウィキペディアなどを参考にした。

（二〇〇六年四月一五日）

8 海洋学の父モーリー

私たちの研究室では、一九九二年に最初のUNIXマシーンを導入した。その後、毎年少しずつ整備し、一時は一五台ほど抱えていた。これらのマシーンには、学生・院生の発案により「ロスビー」「ケルビン」「ストンメル」など、海洋物理学に関連の深い先達の名前が付けられ、各マシーンはその愛称で呼ばれていた。その中の一つに、「モーリー」がある。

モーリーとは、Matthew Fountain Maury（1806-1873）のことであり、先のエッセイ（「体格指数と海上気象観測」の項）で記した一八五三年の第一回海事会議をアドルフ・ケトレとともに主催したもう一人の立役者である。

モーリーは、一八〇六年一月一四日、米国南部のヴァージニア州に生まれた。五歳のときにテネシー州に移り、教育を受ける。海軍士官だった長兄の影響を受け、一八二五年、一九歳で米国海軍に入る。一八三四年まで、米国海軍が行なった三回の長期航海に参加した。そのうちの一回は、米国海軍初の世界一周航海であった。これらの航海に参加している間の一八三〇年ごろ、球面三角法を用いた航海術を開発・発展させ、航海技術に関する教科書を執筆する。また、このときから海流や海上風のデータ収集を始めている。さらにこの間、モーリーは盛んに海軍の再編を呼びかける政治的評論を書いていたらしい。

一八三九年、家族に会うため帰省したヴァージニア州で、乗合馬車の事故に遭い足を骨折した。治療が悪かったらしく、以後、船乗りとしての乗船は不可能となる。

一八四二年、ワシントンDCにある米国海軍海図・測器局長に就任する。その役得を活かしてログブック（航海日誌・海上気象観測野帳）を作成し、軍艦や商船に海流と海上気象の観測を依頼する。海図や航海技術、気象学や海洋学の本も執筆する。一八四四年、海図・測器局は海軍観測所に組織替えになり、モーリーは初代所長となる。また、海軍士官を育てるためのアカデミーの設立の働きかけが実り、一八四五年、アナポリス海軍士官学校が設置された。さらにこのころ、世界の未踏の地域への探検を働きかけ、実際、極域やアマゾン川への探検隊派遣が行なわれた。

これら一連の仕事により、彼は世界的名声を得るようになった。モーリーは、国際的に統一された方式で海流や海上気象の観測を行なう準備のための会議の開催を提唱した。一八五三年、これが第一回海事会議として実現する。モーリーは米国代表として出席し基調演説を行なった。この会議において彼が提案したログブックが世界標準となり、観測とその資料の収集が開始された。

一八五五年、『海の物理地理学』（Physical Geography of the Sea）なる最初の海洋学の教科書を出版する。

一八六一年、緊張感が高まっていたアメリカ北部と南部の諸州の間で、ついに南北戦争が勃発する。モーリーは米国海軍（結果的に、北軍）を辞し、南部連合国側に加わる。そして南部連合国海軍の提督に任命され、その名声を利用し、軍艦の調達とヨーロッパ各国の支援を得るために英国に渡る。英国滞在中の一八六五年、南軍の敗北で終戦を迎える。

モーリーは重要戦争犯罪人となった。恩赦を受けることができないため、戦後も英国に留まる。その後、メキシコ皇帝マキシミリアンの招聘によりメキシコに渡り、「新ヴァージニア植民地」を作る運動を行ない、南軍軍人を中心とする人たちの移住運動を推進した。

しかし、残した家族に会うため英国に戻っている最中、メキシコ皇帝がその地位を奪われ、この移住計画は頓挫する。そのため、引き続きモーリーは英国に留まることになる。その間、南部の幾つかの大学から教授職の申し出があり、最終的にモーリーはヴァージニア海軍研究所の気象学の教授職に就くことを決意する。一八六八年、英国から戻る船旅の間、米国大統領ジョンソンは恩赦宣言を公布し、モーリーは無事米国に帰国できた。

一八七二年秋、モーリーは講演旅行中に病に倒れ、療養の甲斐なく、一八七三年二月一日に亡くなる。彼の亡骸は当初レキシントンに埋葬されるも、後にリッチモンドに移された。彼の誕生日である一月一四日は、現在、ヴァージニア州の祝日となっている。モーリーはその海洋学に対する先駆的業績により、「Pathfinder of the Seas」(海洋の開拓者)、また、「Father of Naval Oceanography and Meteorology」(海軍海洋学・気象学の父)と呼ばれている。

モーリーの一生は、なんと波乱に富んだものであったろう。彼の発案による海上気象観測システムは、一五〇年以上を経た現在まで確固たるものとして引き継がれている。このシステムで収集された海上気象資料は、現在まで数億通に達し、「I－COADS(国際統合海洋大気データセット)」としてデータベース化され、世界中の多くの研究者が利用している。

二〇〇三年一一月一七～一八日、ベルギーのブリュッセルにて、第一回海事会議から一五〇周年を記念したセミナーが開催された。私は、近接して開催される別の国際シンポジウム(第一回国際アルゴ科学ワークショップ)で基調講演を行なうことになっていたため残念ながら出席できなかったが、研究室からはYさんがこの記念碑的なセミナーに参加している。

なお、私たちの研究室の「モーリー」は、メールサーバーとして長い間活躍したマシーンである。現在はもう役目を終えたとはいえ、計算機室の片隅にまだ鎮座している。

本稿を記すにあたり、以下のウェブサイトを参考にした。

http://xroads.virginia.edu/UG97/monument/maurybio.html

http://oceansonline.com/maury.htm

http://www.historpoint.org

（二〇〇六年六月一五日）

9　待機電力の節約効果

ずっと前から考えてはいたのだが、実行していなかったことがある。それを今年の九月から行なってみたところ、思いもかけず大きな効果があることがわかったのでここで紹介したい。電化製品の待機電力の節約のことである。

電化製品の中には、使用していないときでも少しの電力を使って「待機」し、リモコン操作で即座に起動できるようになっているものが多い。この待機のときに使用している電力が待機電力である。

私のマンションでも、購入の古いものから、テレビ（一九九五年購入）、エアコン（一九九六年）、カセットテープデッキ（一九九六年）、ベータ型のビデオ（二〇〇〇年：まだ製造、販売されているのをご存知ですか？）、ＶＨＳ型のビデオ（二〇〇三年購入）、そしてＭＤカセット（二〇〇五年購入）がこれにあたる。

このうちテレビは、以前からメインスイッチを切ることにしているので待機させていないことになる。またエアコンは、夏の盛り以外はコンセントを抜いているので、これも待機させていない。

さて、九月の中旬に四個口のスイッチ付きのテーブルタップ二本(一四〇〇円/本)を購入し、上記のものを使用していないときは電気を完全に遮断することにした。テーブルタップが見えるところにないとスイッチを切れないので、部屋の見栄えが多少悪くなってしまったが、これはしょうがない。

それから一か月半が過ぎた一一月の初め、一一月分(実際は一〇月に使用した電力)の電気料金の通知が来た。電気料金は二八八〇円とのことであった(一人暮らしでこの料金は高いのであろうか、それとも安いのであろうか、気になるところである)。

このマンションに移った一九九五年から、私は電気・ガス・水道などの料金を、ずっとメモにとって残している。そこで、昨年までの料金と比較してみた。結果、一月あたり三〇〇〇円を割ったことは一度もないこと、二〇〇一年から二〇〇五年までの五年間の一一月分の電気料金の平均は三一六二円であったことがわかった。すなわち、今年は二八二円ほど例年より低い額になったことになる。約九%の節約である。この節約が同じように続けば、一〇か月でテーブルタップ購入の元は取れることになる。たった四つの電化製品の待機電力をゼロにしただけでこうなのである。今まで、随分と無駄に電気を使っていたものだ。

さて、待機させていないのだから、当然不便なことも起こる。リモコンでスイッチがはいらないのはしょうがないが、問題はビデオである。内部時計が止まってしまうので、予約録画をしたいときにはそのつど時刻合わせが必要となる。これはまったく不便である。もっとも、私の場合あまり録画もしないので、そのときはそのときとするしかない。でも、ノートパソコンのように電源周波数を用いた時計ではなく、充電式乾電池で時計の情報を保持できるようなシステムに変えることができると思うのだが、どうしてそうしないのだろうか。

待機電力をインターネットで調べたら、日本の電化製品は技術力に優れているので、低電力化が著しいとのことである。最近製造された電化製品を使用している人は、節電を試したとしても私のような大きな効果が得られないのかもしれない。それでも、試してみるのも十分に価値はあるのではなかろうか。

ところで、このスイッチ付きテーブルタップは、スイッチをオンにするとそれを知らせるために電球が光る仕掛けとなっている。時々、テーブルタップのスイッチをオフにするのを忘れてしまう。そうなったときは、電化製品の待機電力以外にこの電球分の電力が使用されるので、前よりも電気を使っているはずである。さて、朝の忙しさで切り忘れると、帰宅後、暗い部屋でこうこうと光っているテーブルタップを見る羽目になる。これにはまったくがっかりである。


（二〇〇六年一一月一五日）

10 これは「分」が悪いのかな

王子製紙グループが発行する『森の響（もりのうた）』という広報誌がある。その二〇〇七年春号（第四一巻）に、「一〇〇年コラム／地球環境のいま、そして一〇〇年後」が掲載された（一九〜二三ページ）。「森が育てば、海も豊かに。生命の源に忍び寄る、生態系の危機」との副題で、私も含めて五人の海洋研究者の取材をもとにした記事である。

記事を書いたのは、サイエンス・ライターのAさんである。一月末、Aさんがわざわざ私の研究室にいらして取材が行なわれた。Aさんは元大手新聞社の経済部の記者であり、私がこれまで書いていたものを事前に読んでくれていた。また質問内容も届いていたので、Aさんの取材は短時間で、かつスムーズに行なわれた。

後日、ゲラ刷りが届いた。五人の研究者の話が一つの話の筋でうまくまとめられており、また、記載されている内容もセンセーショナルな取り上げ方ではないことがわかった。

ゲラの中の私に関係する記述で、「塩分」と表記されるべきところが、ことごとく「塩分濃度」になっているのに気づいた。またか、との思いである。

「またか」の意味は、新聞等のメディアでは、「塩分」は必ず「塩分濃度」となってしまうからである。実際、昨年取材を受けて年明け早々に大手A新聞に掲載された記事でも、A新聞記者のNさんには口を酸っぱくして「塩分濃度とは使いません、塩分ですよ」と言ったのにもかかわらず、記事には「塩分濃度」が使われていた。Nさんの元原稿からそうなっていたのであろうか。きっと、デスクか校閲部が勝手に「濃度」を挿入したのだと思うのだが。

さて、広報誌のほうである。ゲラを送ってくれた編集者（もう一人のAさん）に、「五か所に塩分濃度が出てきますが、私たちは塩分濃度とは使いませんので、塩分にしてくださいませんか」とお願いした。海洋学で用いる用語法では「塩分」であり、「塩分濃度」とは決して使わないのである。

三月の初め、印刷された広報誌が送付されてきた。恐る恐る記事を読んでみると、私の修正の申し出に対し上手な対応がなされていることを知った。すなわち、引用符で囲まれた私の発言のところの二か所では「塩分」に、そうでない解説的なところ三か所では「塩分濃度」になっていたのである。

研究者から「塩分濃度」は学術用語ではないので訂正して欲しいとの申し出を受けて、編集者のAさんはさぞかし困ったでしょうね。でも、この対応には感心した。そのような訳で、ライターのAさん、編集者のAさん、そしてこの広報誌に、とても好感をもった。

それはさておき、「塩分濃度」はどうしてダメなのか。

まず、「分（ぶん）」とは何かである。手元にある辞書（『新潮現代国語辞典』、一九八五）で「分」を引いてみると、「『…である部分』の意を添える語」とある。すなわち、「比」、あるいは「割合」の意味である。例として、「アルコール分、塩分、灰分、金分、純分、水分、成分、鉄分、糖分、油分、養分」（辞書の表現では、分のところは縦の棒「｜」）が挙げられていた。灰分、金分、純分などの言葉もあるのですね、このような言葉、知りませんでした。

さて、海洋学での「塩分」とは、「海水１ｋｇ中に溶解している固形物質の全量」の意味となる（『海洋大事典』、東京堂出版、一九八七年、三八ページ）。したがって、単位は「ｇ／ｋｇ」、もしくは「‰（パーミル）」であった。であった、というのは、一九七八年、ユネスコ（国際連合教育科学文化機関）が新たに「実用塩分」の定義を提案し、一九八二年から、単位がなくなってしまったからである。現在は、「この海水の塩分は35」などと表現する。単位がなくなった理由は、計測の仕方が、電気伝導度（電気の伝わりやすさ）の、基準の水と実際の海水の比から求めるようになったからである。通常、塩分の観測に使われる計測器を「ＣＴＤ（電気伝導度―水温―水深計）」と呼んでいる。

世の中では、「塩分の取りすぎ」などと表現することが多い。「塩の取りすぎ」とはあまり使わないようである。すなわち、世の中では「塩分」は「塩」のこととして使われているのである。

「塩分濃度」がおかしいことは、ビールの「アルコール分」は五％、とは言っても、ビールの「アルコール『分』濃度」は五％、とは決して言わないことからも即座にわかる。分と濃度を重ねると、二重の表現になってしまうのである。

最近、エリック・ローランの小説、『深海の大河』（長島良三訳、小学館文庫、二〇〇七）を読んだ。地球を守る極秘組織「委員会」のために、諜報や戦闘活動を行なうヒーロー、セス・コルトンの活躍を描いたシリーズの第二作目である。この小説の中にも、訳者が苦労したであろう箇所が出てくる。

ドイツ人の海洋学者バイヤー（悪人です）が、深海（底層）流の流れる道筋を変え、気候に変化をもたらしてしまう。そしてバイヤーは、その警告のためのビデオを国連の安全保障理事会に送りつける。以下はその場面でのバイヤー発言の一部である。長くなってしまうが、引用しよう（三一二ページ）。

「諸君は、数ヶ月前から気候が大きく変化していることに気づいているだろう。これはほんの序の口にすぎない。この変動の原因は私の工事だ。あと三十年足らずのうちに、地球はあらたな氷河期にはいり、だれも、なにも、それを妨げることはできない。三万年前、現在の米国北部とカナダに相当する地域の氷がとけて、数百万平方キロに及ぶ広大な淡水湖が出現した。その湖を囲む氷床は、周囲の気温が上昇するにつれて日に日に解けていった。氷床の幅が狭くなりすぎて湖を閉じ込めさせておけなくなると、湖の水は北大西洋に流れこみ、海水の『塩分含有率』を一気に変化させた。北極海に始まって世界各地の気候をコントロールする、グリーンランド海流という名の海流は、『塩分』による海水の比重の差によって海底の方へ潜る。ところが、そのように大量の淡水が氾濫した時代には、海水の『塩分濃度』が大幅に下がり、極寒の値の海水は以前より軽くなった。そのため、比重の減ったグリーンランド海流は深海へ下降することができなくなり、海面にとどまって消滅し、それによってあらたな氷河期がもたらされた。その氷河期は五千年続き、人類は危うく絶滅するところだった」（文中の『　』は筆者が付けた）。

引用した文章には、「塩分含有率」、「塩分」、「塩分濃度」と三種類の表現が出てくる。原文がそうなっているのか、翻訳時にそう訳してしまったのか、私にはわからない。しかし、いずれの箇所も「塩分」で問題なく通じるのである。

なお、余談であるが、引用した最後の方に出てくる「五千年続」いた氷河期というのは、「新ドリアス期」（または、ヤンガー・ドライアス期）のことをモデルにして書かれていると思われる。実際の地球史としては以下のようになる。最終氷期が約一万五〇〇〇年前に終わり、その後急激に温暖化する。しかし、約一万三〇〇〇年前から一万二〇〇〇年前までの約一〇〇〇年の間、再び寒冷期（プチ氷期）に戻ってしまうのである。この期間が新ドリアス期である。この出来事は、北米大陸を覆っていたローレンタイド氷床が崩壊して北大西洋に流出し、表層水が低塩化したことで、深層水の形成が止み、深層を巡る海水の循環（深層循環）が止まってしまったことが原因と考えられている。

さて、塩分は塩分であって、「塩分濃度」なる表現はおかしい、と主張しているのであるが、どうも世の中の趨勢をみると…。変わりそうにないですね。この件、私自身は、諦めの心境にあるのだが…。

ところで、小説『深海の大河』のこと。私は本屋さんで、「海」や「海流」、あるいは「波」など、海にかかわる言葉が小説の題名に使われていると、どんな小説であろうと手にとることが多い。もっとも、「海」に関する言葉を比喩的に使っていることも多く、海とは全く関係ない小説も多いのだが。しかし、この本のように、そのまま海を舞台にした小説であると、ついつい手に取ってしまう。職業病ですかね、これは。なお、この本の原題はフランス語で、『LE FLEUVE DES ABYSSE』であった。すなわち、日本語の題名は、原題の直訳であった。

（二〇〇七年五月一五日）

11　小言幸兵衛か！

東北大学の地球物理学教室が一九四七（昭和二二年）にはじめての卒業生を出してから、今年で六〇年目を迎えた。この八月二四日（金）の夕方、仙台市内のホテルで記念祝賀会が開催された。卒業生はすでに一〇〇〇名を超えているという。祝賀会には一四〇名もの多数の同窓生や新旧の教職員が集まり、私も楽しい時間を過ごすことができた。

この祝賀会で、本学名誉教授であるO先生と言葉を交わす機会があった。在職中のO先生には大変お世話になった。私が一九九四年に教授に昇任してから、O先生が二〇〇二年三月に退職されるまでの八年間、隣同士の部屋で過ごさせていただいた。O先生は、退職された現在でも重要な役職に就かれ、その立場上、頻繁にメディアに登場し発言なされている。

O先生には、私のこの拙いエッセイを年二回郵送している。たびたび感想を寄せていただいたり、ときには言葉遣いの間違いを指摘していただいたりしている。

祝賀会でO先生は、拙著『続若き研究者の皆さんへ―青葉の杜からのメッセージ―』(東北大学出版会、二〇一六)収録のエッセイ、「15　海洋学における業界単位」のことをもち出され、『『ノット』もそうなのですが、『風速』を何とかしてください」と話された。最初、何のことか咄嗟にはわからなかったが、考えてみれば、なるほどそうなのである。

皆さんも、もうおわかりですね。メディアでは、風速はことごとく単に「○○メートル」と表現されてしまうのである。長さの単位はつけられているが、時間の単位が欠落してしまうのである。

今月(九月)に入ると、大型の台風九号が日本南東方の海上で発生した。この台風は、その後、関東地方と東北地方を縦断し、さらに北海道にも上陸し、最終的にオホーツク海へと抜けていった。この台風により痛ましくも犠牲者が出て、家屋や農作物にも大きな被害があり、日本列島には大きな爪痕が残った。

この間、注意して新聞やテレビのニュース番組を見ていたところ、なんと全ての報道で、確かに風速は「○○メートル」なる表現であった。テレビニュースにおけるアナウンサーはもちろん、解説を担当している気象予報士も、風速「○○メートル」という有様であった。あの言葉にうるさいはずのNHKにでてくる気象予報士の皆さんも全員そうなのである。新聞でも、見出しに大きく「最大瞬間風速　××(地名)で○○メートル」と出てくる。

なるほど、O先生が何とかしてくださいというのもよく理解できる。書くまでもないことだが、正しくは、「風速毎秒○○メートル」、「○○メートル毎秒の風」、あるいは「秒速○○メートルの風」などとしなければならないのである。

日本では、風速は「一秒当たりに空気が進む距離」をメートルで表現するのが慣例である。すなわち、単位は「メートル毎秒(m/s)」となる。もちろん、一分間の距離でも一時間の距離でも構わないのだが、風速には通常この単位が使われる。私たちも、秒速○○メートルと聞けば「あーあの程度の風」と感覚的にも馴染んでいる。

一方、台風の進む速さは「一時間当たりに進む距離」をキロメートルで表現するのが慣例である。すなわち「キロメートル毎時(km/h)」、あるいは「

時速〇〇キロメートル」となる。それゆえ「台風九号は時速二〇キロメートルで北上している」などと表現する。これも自動車をはじめとし、乗り物の速さは「時速〇〇キロメートル」と表現されることが多いので、感覚的にもわかりやすい。

この台風の移動に関しては、テレビも新聞も、正しく「時速〇〇キロメートル」と表現している。この違い、いったい全体、どうなっているのだろう。ここで、先のエッセイのフレーズと同じ表現がでてしまう。台風の「移動速度」にはできて、どうして「風速」にはできないのだ、と。

なお、米国などでは風速は「ノット」で表現するのが一般的である。もし米国でこの表現を見たら、まず数値を半分にして、単位をメートル毎秒、と読み替えれば近似値を得ることができる。すなわち、五〇ノットの風速とは約二五メートル毎秒なのである(正確には、一ノットは〇・五一四四メートル毎秒)。

言わずもがなのことであるが、台風情報を出している気象庁の風速は、正しい単位で表現されている。先のような不適切な表現に変えられてしまうのは、全てメディアの段階である。

少し前に、「塩分」とすべきところがメディアでは「塩分濃度」となってしまうことを書いた。つい最近、二〇〇七年八月三一日の大手A新聞の科学欄に掲載された「温暖化でやせる海」という記事(私もコメントを寄せている回)では、嬉しいことに正しく「塩分」と表現されている。記事を書いたNさんが、「塩分」を使うようにと社内で主張してくれたのだろうか、それとも、デスクや校閲部が見損じてしまったのだろうか。Nさんが主張し、デスクや校閲部が納得したのなら、これは偉大な進歩である。今後のA新聞を見守ろう。私も先のエッセイを書いた価値があるというものである。

さて、今後、風速の表現はどうなるのだろう。このエッセイ一つで変わるわけはまったくないとは思いつつ、A新聞が変わった(本当だろうか?)ように、ほんの少しだけ、期待することとしよう。

それにしても毎回、こんな風に小言ばかりを書いていると、いま流行りの「欧米か!」ならぬ、「小言幸兵衛か!」になってしまうのではないかと、私は密かに恐れているところである。

(二〇〇七年九月一五日)

12　ＩＰＣＣノーベル平和賞受賞に対する私のコメント

一〇月一二日の夕方、会議を終えて研究室に戻り、パソコンの前に座った。夕方六時にノーベル平和賞の発表が予定されていた。

地球物理学の諸分野はノーベル賞の対象でないので、毎年この時期行なわれる受賞者発表などはまったく気にかけておらず、日本のメディアの報道を待っているだけであった。しかし、今年は大いに事情が違った。

二日前の一〇日の朝、毎日新聞記者のＴさんからの電子メールで、今年のノーベル平和賞は、ＩＰＣＣ（気候変動に関する政府間パネル）か、前米国副大統領アル・ゴア氏が受賞しそうだと知らされていたからである。ＩＰＣＣが受賞した場合、第四次評価報告書の執筆者の一人である私からコメントをもらいたいので、一二日夕方六時の居場所を教えて欲しいというものであった。

さて、Ｔさんからノーベル財団のウェブサイトのアドレスも知らされていたので、六時少し前にそこにつないだ。しばらくして、六時五分ごろであろうか、ＩＰＣＣとアル・ゴア氏、双方が受賞との文章が突然画面に現れた。

Ｔさんから情報をもらったときには半信半疑であったが、実際にウェブサイトに現れたアナウンスの文章をみて、大手新聞社の情報収集力には唸ってしまった。あとで知ったことだが、スウェーデンのある新聞社が発表数日前に予想した候補者を公表していたのだそうだ。この新聞社の予想はこれまでも多くの受賞者を当てているらしい。

さて、アナウンスが流れた後、しばらく電話はなかった。ようやく六時二〇分ごろ、電話が鳴った。電話は、Ｔさんではなく、朝日新聞記者のＳさんであった。Ｓさんからは、今年に入り、二月二日に行なわれたＩＰＣＣ第四次評価書第一次作業部会の記者発表のときなど二回取材を受けたことがあった。Ｓさんは、ＩＰＣＣのどこが評価されたと思うのかなどの質問があった。そして最後に、「率直に言って、今のお気持ちはどうですか」との質問があったので、「もちろん、素直に嬉しいですよ」という回答をした。

翌日の朝日新聞には、「二酸化炭素の増加による温暖化を証明することはむずかしかった。今年、ようやく九〇％以上確実だと科学的、中立的に示すことができた。それを評価され、うれしい」という私のコメントが掲載された（追記を参照のこと）。

さて、Sさんとの電話を六時二五分ごろに終えたとたん、また電話が鳴った。今度は予告どおり毎日新聞のTさんであった。やはり受賞しましたねー、などの話のあと、Tさんは、一〇日に電子メールで送っていただいたコメントを使わせてもらいます、とのことであった。

実は、Tさんから一〇日に電子メールをもらった後、もし、本当にIPCCが受賞したらこんなことをコメントしますと、次のような電子メールを送り返していたのである。

「ゴアかIPCCがノーベル平和賞でしょうか？それは大変ですね。一二日の夕方六時は、研究室におります。五時ごろまで別の部屋で会議をしていますが、多少遅れても、六時には確実に研究室にいます。（段落）これで思い浮かべるのは、S・R・ワートが書いた『温暖化の「発見」とは何か』（増田耕一・熊井ひろみ共訳、みすず書房、二〇〇五）の記述です。添付したパワポのファイルの最後の二ページを見てください。彼は、地球温暖化の発見は三回あるとし、IPCCが三回目の発見者であるとしています。私もなるほどと思います。IPCCが受賞すれば、このようなことをコメントの一つにしたいところです。」

実際、ワート氏は、本の序文（同書二ページ目）の中で、次のように表現していた。なお、（　）内の注は筆者である。

「一八九六年、孤独なスウェーデン人科学者（S・アレニウスのこと）が地球温暖化を発見した―理論上の概念として。一九五〇年代、カリフォルニアの少数の科学者（R・R・レベーレ、H・E・スース、C・D・キーリングらのこと）が地球温暖化を発見した―起こりうる出来事として、遠い未来にもしかしたら生じるかもしれない危険として。二〇〇一年、世界中の何千人もの科学者を集めた並外れた組織（IPCCのこと）が地球温暖化を発見した―すでに天気にはっきりとした影響を与え始めていて、さらに悪化しそうな現象として。」

私はこの地球温暖化研究の歴史のまとめ方に同意できるし、ワート氏の見方に感心していた。講演会などでもこの見方を紹介することとし、その部分のパワーポイントファイルを作成していた。それをTさんに送ったのであった。もっとも、ワート氏は二〇〇一年の第三次評価報告書をもって発見としているが、私自身は今年発表された第四次評価報告書を挙げたいのだが。

さて、一二日の電話でTさんに、これはワート氏の見方であって、私のオリジナルな主張ではないと伝えると、先生も同じ考えなのでしょう、それでいいのですよ、ということであった。実際、一三日の毎日新聞の第三面には、私のコメントとして次のように掲載された。

「(段落)『IPCCは、地球温暖化に関する三回目の発見者だ』。今年公表されたIPCC報告書の執筆を担当した花輪公雄・東北大教授(海洋物理学)は語る。(段落)最初の発見は一八九六年、スウェーデンの科学者が石炭の消費で温暖化が起こると予言。次いで、一九五〇年代に米国の研究チームが、二酸化炭素(CO2)濃度が上昇しているのを観測した。IPCCは地球規模で気温や雪氷の変化を分析して、温暖化の原因が人間活動にあると断定、温暖化に関する『3回目の発見』となった。」

記事にはワート氏の名前がない。研究者はオリジナリティを重要視する。私も同意しているとはいえ、この見方を提出した科学史家であるワート氏の名前をどこかで出しておかなくてはならないと思えた。これが、この文章を書いている理由である。

さて、Tさんの電話の後、しばらくたった七時二〇分ごろ、読売新聞のN記者からも電話がはいった。SさんやTさんと同じような質問がでたが、主な内容は、今回の受賞が今後の地球温暖化研究に対してどんな影響を与えるか、というものであった。私は、地球温暖化に対する理解が深まることで、特に予測精度の向上が焦点だと思うが、研究に対するこれまで以上の支援があるでしょう、という答えとともに、地球温暖化の抑制に対する議論と具体的な行動がこれまで以上に広範囲になされることを期待したいと、コメントした。

私のこのコメントは紙面に採用されなかったことが、翌朝、コンビニで購入した読売新聞を読んでわかった。採用されなかったのは、Nさんに「すでに私は朝日新聞からも、毎日新聞からも取材を受けました」と言ったからかもしれない。あるいは、あまりにありきたりのコメントであったからかもしれない。実際、どっちなのだろう。

（二〇〇七年一〇月一五日）

【追記1】

一〇月一六日の夜になって、朝日新聞のSさんから電子メールが届いた。取材に基づいて原稿は書いたのだが、掲載されなかった。これに懲りずに、また、協力して欲しい、とのお詫びの電子メールである。本文に書いたように、少なくとも宮城地区で配布された朝日新聞には掲載されている。そこで、掲載されていることを電子メールで回答するとともに、記事のコピーをSさんにFAXした。翌一七日、SさんからFAXのお礼とともに、たくさん話をきいたのに、短くて申し訳ありませんでした、との電子メールをもらった。原稿を出した記者が、掲載されたかどうかわからない、ということもあるのですね。同じ日付の新聞といえども、短時間に紙面は変わっているとのこと。こんなことが起こっても、不思議はないのかもしれない。

（二〇〇七年一〇月一七日）

【追記2】

二〇二一年のノーベル物理学賞は、「複雑性の科学」の構築に貢献した研究者三名に授与された。そのうちの二人は、一人は米国在住の日本人研究者の真鍋淑郎博士、もう一人はドイツの研究者K・ハッセルマン氏であるが、それぞれ気象学と海洋物理学を専門としている。本文中には応用科学である地球物理学はノーベル賞の対象でないと書いたが、地球物理学の分野でも研究内容が物理学にも関連する普遍的なものであれば、受賞対象となることがわかった。今後も地球物理学の分野からの受賞者が期待できるのではなかろうか。

（二〇二二年八月二三日）

13　始まりの終わり

世界各国が協力して、二〇〇〇年頃から本格的に展開し始めたアルゴ（Ａｒｇｏ）フロートが、この一一月一日(木)に三〇〇〇台に達した。アルゴ計画の当初目標の達成である。

アルゴ計画とは、海面から二〇〇〇メートル深までの水温と塩分を自動的に計測するフロートを、世界中の海に展開しようとする計画である。フロートは通常水深一〇〇〇メートル付近の海中を漂流する。一〇日に一度、いったん二〇〇〇メートルまで潜ってから浮上し、その途中、数十点で水温と塩分を計測する。計測したデータは、フロートが海面に出たところで地球を周回している衛星に送信される。その後再び一〇〇〇メートル深の海中に潜り、また漂う。このブイがアルゴフロートである。約三〇〇キロメートル四方に一台の割合で展開させると、世界中の海で三〇〇〇台のアルゴフロートが必要となる。

日本のアルゴ計画は、小渕内閣時代の「ミレニアム・プロジェクト（新しい千年紀プロジェクト）」の一つに採択され、二〇〇〇年度から二〇〇四年度までの五年間推進された。その後、参加機関が独自に得た経費で継続されている。海洋研究開発機構（ＪＡＭＳＴＥＣ）や気象庁などがこの計画に参加している。アルゴフロートの展開台数から言えば、米国についで世界第二位の貢献である。

国際アルゴ計画オフィス（米国カリフォルニア大学サンディエゴ校スクリプス海洋研究所）は、この九月ごろ、もうすぐ目標の三〇〇〇台に達するとして、アルゴフロートを新たに投入するときは記念に写真を撮っておくようにとの指示を出していた。そして、目標の達成は一一月一日ごろとも予想していた。

私はこの一〇月末に、カナダのビクトリアを訪問した(二八日に出国し、一一月一日に帰国した)。ＰＩＣＥＳ(北太平洋海洋科学機関)の第一六回年次総会に出席するためである。ＰＩＣＥＳは、米国、カナダ、ロシア、韓国、中国、そして日本の六か国が加盟する国際機関であり、年に一度、各国もち回りで年次総会を開いている。今回のＰＩＣＥＳへの参加は、私にとって久しぶりのことであった。

総会に出席して二日目、一〇月三〇日の朝、以前から知っているカナダの海洋物理学者ハワード・フリーランド（Howard Freeland）博士と挨拶を交わした。彼は、カナダにおけるアルゴ計画の中心人物である。再会の挨拶ともに、私は「今日現在、稼動しているアルゴフロートは何台ですか」と尋ねた。彼は、二九五〇台くらいだよ、との回答の他に、実は三〇〇〇台はすでに入っているのだけれども、とも付け加えた。つまり、一一月一日に、「アルゴフロート三〇〇〇台達成！」と宣言するため、数字を操作しているのであった（嘘も方便、許されたし）。

さて、私はハワードに、日本でも近々にプレス発表するのだけれど、私達は「三〇〇〇台の目標達成は、アルゴ計画の単なる『始まりの終わり（the end of the beginning）』にすぎない」と発表するつもりです、と話した。話したとたん、ハワードは、この表現を大いに気に入ってくれ、明日、アルゴ計画の講演をするが、この表現を、Kimio（私の名前）のクレジット入りで使う、と言ってくれた。もっとも、私自身は翌朝には帰国したので、彼がこのフレーズを講演で実際に使ったのかどうかは確認していない。

一一月一日の目標達成に対し、国際アルゴ計画に参加している国々ではプレス発表をすることになっていた。私は、ミレニアム・プロジェクトでは推進委員会の委員を、二〇〇五年度からは省庁横断で作られた推進委員会の委員長を務めている。その関係で、一〇月中旬、気象庁のKさんからプレス発表の内容などの相談を受けていた。

相談されて以来、私はプレス発表でどんな表現を取ればいいのか考えていた。というのも、単なる目標達成ではインパクトがなく、逆に、目標は達成したからもういいだろうと、今後の支援が途絶えたり、縮小されたりする可能性があるからである。

あれこれ考えているうちに思い立った表現は、すでに記したように、「三〇〇〇台の目標達成は、アルゴ計画の単なる『始まりの終わり』にすぎない」というものであった。すなわち、アルゴ計画は今後もますます発展する（させなければならない）計画なのである。実際、新しい機能や、新しいセンサーを搭載したフロートの開発がなされている。また、フロートの寿命は四年程度であるから、毎年七〇〇〜

八〇〇台のフロートを新たに投入する必要がある。これまで同様、あるいはそれ以上の支援を必要としているのである。

さて、カナダから一一月一日に帰国し、翌二日から研究室に顔を出した。留守中溜まりに溜まった電子メールと格闘していると、一一月二日早朝、ハワードから、国際アルゴ計画のメーリングリストを利用して、三〇〇〇台達成のお祝いのメールが配信されていることがわかった。その中の一節である。

「(略) I was impressed with what Kimio Hanawa told me on Tuesday, apparently the Japanese version of the Argo-3000 press release will say the equivalent of "This is the end of the beginning", and I can't find a better way of expressing the situation. (段落) So, we enter a new phase and a new beginning now, maintenance of the array for a demonstration period of 10 years.」

なんと、私の名前も含めてこの表現を紹介してくれていた。そして数日後、面識のない別の研究者S氏からも、メーリングリストにより次のようなメールが配信された。

「Congratulations, well done. I too like the Japanese statement about this being the 'end of the beginning'. (略)」

ハワードの反応やS氏からのメールのようなこともあり、私は、「始まりの終わり」なる表現は、的確であると自負している。

さて、日本におけるプレス発表であるが、これも留守中届いていたJAMSTECのSさんからのメールで、一一月一日、私の外国出張中にすでに終わっていたことを知った。考えていた表現が使えなくなり、少し残念であった。

ここで、「始まりの終わり」なる表現を思い立った理由を書いておこう。実は身近にヒントがあったのである。それは塩野七生さんの本の題名だ。塩野さんは、一九九二年から二〇〇六年まで、毎年「ローマ人の物語」を一巻ずつ出版した。二〇〇二年に刊行されたその第一一巻の副題は、「終わりの始まり」である。永く栄華を極めたローマ帝国も、衰退の道をたどっていく。塩野さんは、そのきっかけは、皇帝自身がキリスト教信者になり、他の宗教を迫害し、国中を一神教の状態にしたことであったと分析したのである。すなわち、皇帝のこの宣言により、八百万の神がいた状態は終焉し、ローマ帝国が「終わりの始まり」に立ったというのである。なんと言い得て妙な表現であろうか。この本の副題がヒントとなったのである。

国際アルゴ計画は当初目標を達成したが、これは単なる「始まりの終わり」であって、決して「終わりの始まり」にしてはいけない。これには皆さん、同意してくださるものと思っている。

一一月八日、米国気象学会は、二〇〇八年度の「スベルドラップ金賞」を、米国カリフォルニア州立大学サンディエゴ校、スクリプス海洋研究所の海洋物理学者、ディーン・レミック（Dean Roemmich）教授に授与すると公表した。受賞理由は、「For major contributions to the measurement and understanding of the ocean's role in climate, and for leading the development and implementation of the Argo profiling float array」とのことである。ディーンは、国際アルゴ計画を提案し、そして実際先頭に立って推進してきた人物であり、この受賞には誰も異論がないだろう。アルゴ計画の当初目標の達成と、ディーンの受賞、タイミングもぴったりである。

この報に接し、すぐにお祝いの電子メールをディーンに送ったことは言うまでもない。

（二〇〇七年一一月一五日）

14　ボトムアップとトップダウン

今年（二〇〇七年）公表されたＩＰＣＣ（気候変動に関する政府間パネル）第一作業グループの第四次評価報告書の執筆に携わったことから、今年は、新聞などでコメントを求められたり、地球温暖化に関する講演を行なったりする機会が実に多かった。

五月二六日（土）には、本学の一〇〇周年記念事業の一つとして開催された環境科学研究科と工学研究科共催の市民向け講演会で講演を行なった。五月三〇日（水）には、東京の永田町にある自由民主党本部で開催された「大陸棚調査推進議員連盟」（会長は福田康夫現総理大臣で、その日は司会を務めてくれた）の勉強会でも、ほぼ同じテーマで講演を行なった。

八月二三日（木）には、本学一〇〇周年記念事業の一つとして企画された理学研究科主催の「青葉山サイエンス・サマースクール」で高校生向けに、九月八日（土）には、（財）みやぎ・環境とくらし・ネットワーク（ＭＥＬＯＮ）「ストップ温暖化センターみやぎ」の宮城県地球温暖化防止活動推進員研修会で、同じような話をした。さらに、一〇月一五日（月）には、理学部物理系に入学した一年生を対象とし、地球温暖化問題を取り上げ、地球物理学の面白さを紹介する講演を行なった。

講演会はまだまだ続く。一一月一〇日（土）にはＭＥＬＯＮ主催による二〇〇七年度新規推進員養成研修会で、一一月一四日（水）には、宮城県保険環境センター主催による平成一九年度環境保全活動アドバイザー研修会でも講演した。一二月四日（火）には、本学の農学研究科と生命科学研究科共催の「地球温暖化と植物」シンポジウムで、「地球温暖化の科学」と題する基調講演を行なった。

講演のテーマはほぼ似たような内容であったが、温暖化の基礎知識に重点を置いたり、ＩＰＣＣ第四次評価報告書の中身に重点を置いたり、温暖化を科学することの大変さと大切さを強調したりと、多少味付けは異なっていた。多くの講演を行なっているうち、私は、何か自分が芸人になったような感じをもってしまった。すなわち、マクラや表現の詳細は多少違っても、地球温暖化が自分の「持ちネタ」のようになって話しているると感じたのだった。

さて、五月三〇日(土)に行なわれた市民向け講演会の後半はパネルディスカッションで、三人の演者(私の他に、前国立環境研究所理事の西岡秀三氏と、(株)イースクエア代表取締役会長の木内孝氏)が、講演では述べきれなかったことや、今後の温暖化対策などについて、参加者との質疑が行なわれた。

このパネルディスカッションを閉じるにあたって、最後のメッセージを求められた。私は、地球温暖化抑止のためには、すなわち、温室効果気体排出抑制のためには、「ボトムアップ」と「トップダウン」の施策、双方が必要であることを述べた。ボトムアップとトップダウンの施策、双方が必要であるとは、次のようなことである。

まず、ボトムアップの施策とは、私たち一人ひとりが、可能な限り温室効果気体排出抑制のための努力をすることである。講演会では、私が昨年からはじめた「待機電力の節約」のことを具体例として話した。リモコンなどで起動する電化製品は、使用していないときでもある程度の電力を使ってリモコンからの起動信号を待っている。これが待機電力であり、電化製品の元電源を切ることによる電力節約のことである。

一方、トップダウンの対策とは、化石燃料エネルギーに大きく依存しない社会システムへの早期実現に向けて、政策により誘導することである。例えば、太陽光発電や風力発電など、再生可能エネルギーを主に使用するような社会への早急な転換を促すことである。あまり良い政策ではないと思うが、マイカーなど購入の際には高額の税金をかけるとか、再生可能型エネルギーの導入には公費で援助することなどである。

つまり、一人ひとりの身の回りの努力は大変重要であるが、残念ながらそれだけでは温室効果気体排出抑制の問題を解決できないこと、根本的に化石燃料依存型社会から脱するような施策が同時並行的に推進されなければならないこと、この二つを言いたかったのである。

現在、新聞やテレビなどのメディアでは、前者に重きが置かれているきらいがある。「あなたもできます、温暖化対策！」、「温暖化対策！　今はじめよう、あなたの身の回りから！」などのキャッチコピー（このキャッチコピー、私が適当に作ったのだが、すでにあるのでしたらご容赦を）で、一人ひとりの自覚を促す論調が多い。言うまでもなく、これは大事なことである。しかし、これだけでは限界があることも確かなのである。実際にどの程度の抑制効果があるのかはよくわからないが、数十年後の五〇％削減などの目標達成には、まったく不十分なことは目に見えている。目標達成のためには、どうしてもトップダウンの施策が必要なのである。

ここで、昨年九月から始めた待機電力節約の試みが丸一年を経たので、その結果を報告しておこう。昨年一一月一五日付けのエッセイ「待機電力の節約効果」に書いた以降の実績のことである。まず、この節約を始める前の電気料金であるが、過去五年間の平均値は年額四万二六九五円であった。取り組んだ後の一年間では、三万五七三一円であった。すなわち、六九六四円、率にして一六％も電気料金を節約できたのである。これは、電気料金ベースである。電力消費量そのものに関しての節約効果は、残念ながらメモを取っていなかったので報告できない。

一般に、待機電力を節約すると、約一〇％の節減になると言われている。私の場合、それより大きな節約となった。なおこれは、この六月半ばから白熱電球を蛍光灯型電球に換えたことも、ある程度の効果があったからかもしれない。

私のマンションには、廊下、洗面所、風呂場、トイレの照明に、合計七つの白熱電球が使われていた。これらを、蛍光灯型の電球にしようと試みたのである。結果的に七つのうち、四つを蛍光灯型電球に交換することができた。蛍光灯型電球は、白熱電球よりもどうしても大型になるため、スペースの関係で残りの三つは交換できなかったのである。

地球温暖化問題の難しいところは、私たち一人ひとりが「加害者」であり、そして、「被害者」でもあるということである。一九六〇年代から七〇年代のいわゆる「公害」問題では、加害企業と被害者という立場が明快であった。この地球温暖化問題ではそのような明快な区別は、少なくとも日本に住んでいる限りはない。

とは言っても、世界に目を向けると、加害者と被害者の立場が鮮明になってくる。すなわち、大量にエネルギーを消費している（きた）国と、そうでない国の立場である。後者は、わかりやすい例で言えばツバルなど太平洋の小さな島々の国々のことである。エネルギーを大量に使うことなく、自然と共生し、つつましく生きてきたこれらの国々は、地球温暖化による海面水位の上昇で、国土が消滅しようとしている。私達は、彼らにどんな責任がとれるのであろうか。

まずはボトムアップで、私たちの身の回りから、地球温暖化防止ための行動を起こしてみよう。そして、それだけで自己満足せず、よりよいトップダウンの施策が行われるよう、私たちもさまざまな場面で努力してみよう。

（二〇〇七年一二月五日）

15　今日は何の日

今の日本では、毎日が「今日は何の日」状態である。たいていの「今日は何の日」は、よくもまあこじつけたものだと、あきれるくらい語呂合わせによるものが多い。

さて、今日は何の日？　三月一四日と言えばほとんどの人が「ホワイトデー」と答えるであろう。二月一四日のバレンタインデーの「お返し」の日である。

先月（二〇〇九年二月）の二二日の地元紙、河北新報に、「3・14は『数学の日』／日本人　円周率に関心／数の神秘　魅力無限」なる見出しの記事が掲載された。恐らく同紙の独自取材の記事ではなく、記事の提供を専門とする報道機関から配信されたものであろう。

この記事によると、二〇〇〇年に日本数学検定協会（このような協会もあるのですね）が行なったアンケートで決めたのだそうだ。数学の日を三月一四日にすることは、圧倒的な支持を得たという。語呂合わせの今日は何の日が多い中で三月一四日を数学の日にするとは、なるほどと感心する。

「3・14」と聞けば、ほとんどの日本人が円周率を思い出すに違いない。好きな数字というわけではないだろうが、頭の中にすっかり入っている。何年か前、この3・14を、小学校では3にしようとした。賛否両論がでて、結局は3・14に戻ったと思うのだが、確かめてはいない。円周率が単に3では、数学の日を選べなくなってしまいますね。

ところで、海洋を研究している私たちになじみのある日に「海の日」がある。この海の日、一九九五年に制定され、翌年から施行された。当時の運輸省(現国土交通省)、特に海上保安庁や気象庁関係者による長年の運動の結果、この日が制定されたのだという。「海の恩恵に感謝し、海洋国日本の繁栄を願う日」とされる。

一八七六(明治九)年、明治天皇が、東北地方や北海道を視察した。そして、七月一六日に灯台巡回船「明治丸」で青森港を出て、函館港に立ち寄り、その後、太平洋岸の沖合を南下し横浜港に入港した。この横浜港入港の七月二〇日が記念日となった。したがって、海の日が七月二〇日なのは、語呂合わせでもなんでもない。

海の日制定後、いわゆる「ハッピィ・マンデー」を設けるための祝日法改正が二回行なわれた。その結果海の日も、二〇〇三年からは七月二〇日という固定した日ではなく、七月の第三月曜日となった。私も含めて、働いている人にとってはいいのだが、一方で「今日は何の日」が年によって移動するのも何か奇妙な感じもする。

さて、明治天皇が乗船した「明治丸」であるが、全長七三メートル、総トン数一、〇一〇トンの補助帆をもつ汽船である。現在、国の重要文化財として、東京海洋大学越中島キャンパス(元東京商船大学)の敷地に保存されている。私も数回見る機会があったが、大変きれいな船である。


(二〇〇九年三月一五日)

16 渡辺淳一『流氷の旅』

今年二月の集英社文庫の新刊広告で、渡辺淳一さんの『流氷への旅』が再び出版されたことを知った。渡辺さんの六大恋愛小説を出す企画の第一回目の小説として選ばれたようだ。

一五年前くらいになるだろうか、この小説を読んだことがある。渡辺さんの小説で読んだのはほんの何作かであるが、そのうちの一作である。渡辺さんの小説では、『化身』や『失楽園』などが有名であるが、それらは読んでいない。さて、なぜこの小説を読んだのか、理由は次のようにはっきりしている。

この小説の存在を教えてくれたのは、東北海区(三陸沖合いの海域)でのプランクトンの採集と、その研究で著名な女性海洋研究者、Oさんであった。この小説の主人公は、流氷研究者の「紙谷誠吾」である。Oさんから、紙谷誠吾のモデルが北海道大学のA先生であるというのを聞いた。私はA先生をよく存じ上げているので、面白そうだと思い、読んだのであった。

なお、A先生が紙谷誠吾のモデルであることは、渡辺さんのエッセイ集『北国通信』(中公文庫、一九八七)の「紋別まで」(一一七〜一二一ページ)に明記されている。次に引用しよう。

「何故、オホーツク海側だけに流氷がくるか、ということは、なかなか難しい問題らしい。(段落)現在わかっていることは、日本海に比べてオホーツク海は、海水の対流現象が表面だけで、浅くおこなわれるため、塩分が少なく、常に冷えやすい状態になっているかららしい。(段落)このことは、紋別にある北大流氷研究所のA先生(筆者注:名字が書かれている)にきいた、受けうりである。(段落)このA先生は、僕の最近の小説『流氷への旅』のなかで、紙谷誠吾として登場してもらった人である。といっても正確なモデルというわけではない。もう十年間以上も、紋別にいて流氷の研究一筋に取り組んでいる。その生き方をつかわせていただいただけである」(一一七〜一一八ページ)。

さらに続けて、次のように述べられている。

「でも、紋別まで行った観光客のなかには、流氷研究所をのぞいて、紙谷誠吾は本当にいるのだろうかと、たずねる人もいるらしい。（段落）今度行ってみると、茶目っ気のあるA先生は、僕に木の札を差し出して、黒と赤のマジックで、紙谷誠吾と書いてくれ、といわれた。なににつかうのかと思ったら、それを入り口の職員の名札が並んでいるところにかけておくのだという。（段落）『僕はあんないい男ではないので、架空の名札を下げて、来た人の夢をこわさないようにするのです』（段落）雪と氷の中で過ごす男は、やはりロマンチックである」（一一八ページ）。

さて、渡辺さんのエッセイで述べられた名札を掲げたことの後日談を、A先生から直接伺ったことがある。札幌にある北海道大学本部から、お偉いさん（実際どんな人が来たのかは教えてくださいませんでした）がこの施設を訪問した。そしてこのお偉いさん、目ざとくこの名札を見つけ、こんないたずらをするのはけしからん、とA先生に告げたらしい。ということで、紙谷誠吾の名札は、施設の入り口から撤去されたのだという。なんとユーモアのかけらもないお偉いさんなのでしょう、と私は思うのでありますが。

さて、A先生、実は、名エッセイストである。A先生のエッセイは、何度も新聞に掲載されている。また、一般書や啓発書なども執筆されている。

文藝春秋は、毎年、前年に書かれた多くのエッセイの中から、優れたエッセイを選んで一冊の本として出版している。この本には、プロ、アマ問わず、優れたエッセイが収録される。A先生のエッセイ、これまで二度も選ばれているのである。一編は私自身が偶然見つけたのだが、もう一編は、A先生のお手紙が添えられて送られてきた本で知った。

A先生はすでに定年退職されて何年にもなるが、今でもニュースなどで、オホーツク海の流氷に関するコメントなどを出されている。

（二〇〇九年五月一五日）

17 フランク・シェッツィング

『深海のYrr』

昨年（二〇〇八年）四月、早川書房から分厚い三冊の文庫本が出た。『深海のYrr』である。書名の中の「Yrr」は「イール」と発音する。この本の存在は出版直後から本屋さんで知っており、その題名に海が入っているので、いつかは読まなくてはいけないな、と思いつつも手を出していなかった。

それが秋になって、同じ研究室の、大の読書家であるポスドクのSさんが、この本をすでに読んでいたことがわかった。そこで、貸してもらったのだが、私は多くの本を同時並行的に読む癖があり、また大著でもあるので、だいぶ時間がかかってしまい、読み終えたのはこの五月の連休中のことである。

いやぁ、すごい本だった。スケールの大きさ、その構想力と展開力に圧倒された。そして地球に住む人間の存在とその意識、宗教などを考えさせられた。人間は、地球上の唯一の知的生命体であると無意識に思っているのであるが、それが覆されたとき、どのように振る舞うのか。著者はそんな思考実験をしたかったのではなかろうか。

著者のフランク・シェッツィングはドイツ人で、大学卒業後、広告会社勤めを経て会社を新たに設立したという。小説家としてのデビューは一九九五年のことである。この小説は二〇〇四年に発表された。取材に四年もかかったこの小説、ドイツで大ベストセラーとなり、ついには『ダ・ヴィンチ・コード』を第一位の座から引きずり落としたのだという。

確かに、よくもまあ調べたものだと感心するところが多い。日本に関係する部分を取り上げると、小説では、海中ロボットを研究している実在の東京大学のU先生が開発した無人潜水調査艇URAが大活躍する。同じく東京大学大学院理学系研究科で、メタンハイドレードを研究しているM先生の実名が出てくる。海洋研究開発機構（JAMSTEC）の「しんかい」も出てくるし、組織では石油公団も出てくる、という次第である。

この小説の舞台は海であるので、海に関する記述も頻繁に出てくる。これもよく調べたものだと感心する。たとえば海流では、メキシコ湾流（学術用語では単に湾流である)、北大西洋海流、ノルウェー海流、南極周極流、ペルー海流などが現れる。

著者が専門家に取材してよく調べていることは、深層循環、いわゆる「ブロッカーのコンベアベルト」を記述する部分を読むだけで、たちどころに理解できる。以下に引用しよう。

「グリーンランド海盆を出た粒子は、アフリカを過ぎて南下し、南極に向かう。(段落)あなた(筆者注:海水粒子のこと)の旅は南極周極海流、海流の操車場、永遠の循環と続く。(段落)冷たい海から冷たい海に。(一行空け)あなたは一粒の粒子だけど、幾筋もの遠大な流れの一部だ。あなたは海底を流れ、赤道を越え、南大西洋海盆に到達し、南米大陸の先端をめざす。そこから、あなたたちは静かに流れていく。けれど、ホーン岬を過ぎると激流に流れ込む。それは、パリの凱旋門のロータリーをまわる交通量に匹敵する流れで、あなたは激しく翻弄される。南極周極海流は、氷に覆われた白い大陸を西から東にまわり、すべての海の海水を輸送する。この海流は決して止まらず、陸にぶつかることもなく、永遠にまわり続ける。」(下巻、四九八ページ)

このあと約一ページ半ほど省略。コンベアベルトが閉じるところは、次のように描かれている。

「あなたはメキシコ湾流生誕の海盆に到達した。熱帯の熱をいっぱいに蓄えて、旅はニューファウンドランド、さらにアイスランドへと続く。あなたは誇らしげに上層を流れ、熱はいつまでも失わないというように、気前よくヨーロッパに分け与える。けれど、知らず知らずのうちにあなたは冷たくなり、北大西洋の海が塩の重みをあなたに負わせる。重くなったあなたは、いつの間にかグリーンランド海盆にいることに気づく。あなたの旅の出発点だ。」(同、五〇〇ページ)

大いに感心はするのだけれども、一方、やはり怪しげな記述のところもたくさんある。そのようなところを一か所、次に挙げる。

「海面の窪みやふくらみを船上から測定するのは困難だ。事実、衛星による測定がなければ、海で起きている現象を知ることはなかっただろう。現在では、海底の地形図を作製するだけではなく、海面の様子から深海の現象を推測することにより、大洋の海洋力学がわかるようになったのだ。ジオサットは直径数百キロメートルにおよぶ海の渦を発見した。（略）しかし、エディはずっと大きな渦の構成要素なのだ。衛星による別の角度からの測定で、海洋全体が循環していることが明らかとなった。この還流は、北半球では時計まわりに、南半球では反時計まわりに循環し、極地に近づくほど速くなる。（二行省略）海洋大循環からすると、メキシコ湾流は大きな流れではない。北米に向かって時計まわりに循環する大還流の構成要素となる。一つの中規模渦の西の端にあたるのだ。大還流の中心が大西洋の真ん中ではなく、西よりにあるため、メキシコ湾流はアメリカの海岸に押しつけられて海面が高く盛り上がる。そこに強い風が吹きつけ、北極に向かうメキシコ湾流の速度を速め、同時に海岸との摩擦はゆるやかになっていく。外部からの影響がないかぎり、回転運動は安定した動きだ。こうして北大西洋の還流は、安定した循環を続けることになる。」（中巻、二二五ページ）

海洋学や気象学を修めた皆さん、これらの記述をどう理解しますか。上記の記述が誤っている、あるいはあやふやだ、と判断したときにはどう直しますか。

追加で、訳語の問題を。これはいつものことであるが、単に「塩分」でいいところが、ことごとく「塩分濃度」になっている。また、単に「塩」でいいところが、たいてい「塩分」になっている。「塩分濃度」撲滅運動家の私としては、まだまだ活動が足りない、と自省した次第である。

おまけにご愛敬で。小説では、「シミュレーション」がいたるところに出てくるのだが、私が見つけた限りでは一か所、「シュミレーション」になっていましたぞ（中巻、四〇六ページ）。もちろんこれは、著者の問題ではなく、訳や校正の問題なのだが。

さて、このように怪しいところもあったのだが、私はこの小説を大いに楽しんだことを、再度強調しておく。この小説の映画化が決まったと本の帯に書いてあった。おそらくコンピュータグラフィックス（CG）大活躍の映画になるのだろう。この映画、ぜひとも見たいものである。

（二〇〇九年五月一五日）

18　岡田武松『測候瑣談』と『続測候瑣談』

長年日本の海洋学を牽引してこられ、現在も活発に活動されている宇野木早苗先生から、二冊の本を贈って頂いた。二〇〇八年の五月のことである。先生が身辺整理をされている中でこの本を見つけ、この本の行く末を私に託したい、とのお手紙が添えられていた。

著者の岡田武松(1874-1956)は、中央気象台(気象庁の前身)の台長を長く務められた(第四代、1923-1941)。気象学や海洋学を学んだ方なら誰もが名前を知っている我が国の気象学の創始者の一人であり、日本海洋学会の初代学会長でもある(1941-1947)。そのため、日本海洋学会では、若手研究者を対象とした賞として、同氏の名前を冠した岡田賞が制定されている。

宇野木先生から贈って頂いた『測候瑣談(そっこうさだん)』は、一九三七年一〇月に岩波書店から発行されたもので、一九三三年に鐵塔書院から出版されたものを岩波書店が改めて出版したものである。『続測候瑣談』は、同じく岩波書店より一九三七年八月に出版された。

さて、読み終えたのが頂いてから一年以上も経ったのには理由がある。頂いてすぐ読み始めたのだが、何せ七〇年以上も前に出版された本である。読み始めた途端、背表紙が剥がれてしまったのである。もう、これ以上読み進めると、背表紙がぼろぼろになり、なくなってしまう(!)と思い、そこで読むのを中断していたのであった。

その後、修復できないかな、と思いつつも、時間ばかりが過ぎてしまった。それがこの八月末、たまたま本学図書館北青葉山分館のH管理係長にお会いしたとき、ふとこのことを思い出し、本の修復を相談してみた。H係長によれば、仙台市にそのような修復ができる職人さんがおられるという。そこで、これ幸いと、お願いしたところ、数日後、H係長とともにS製本所社長Sさんが来られ、実際に本を見てくださった。話の途中、もう無理のような発言もされていたのだが、結局「何とかしましょう」ということになり、持ち帰ってくださった。

数日後、SさんとH係長が修復した二冊の本を届けてくれた。大変立派に修復してくださり、また、和紙で作った品のよい二冊の本を入れるバインダーのようなものまで作ってくださった。本棚に入れるときは、そのバインダーに入れておくようにとのことである。

Sさんによれば、確かに背表紙は傷んでいたが、本そのものはしっかりしているらしい。現在出版されている本に使われている紙よりも、はるかにいい紙に印刷されているという。これからも、長くもちますよ、とのことである。

さて、本の題名にある「瑣談」とは、瑣末の「瑣」であるから、「つまらない、取るに足らない話」との意味である。そして著者は、本の中で自分のことを「瑣談子」と記している。「序」によれば、神戸海洋気象台の同人誌『海と空』（現在の海洋気象学会の学術機関誌：注：二〇一五年に廃刊）に、「測候仲間の逸話や測候事業の挿話なぞを書いたものが、大分たまったので、夫を集めて測候瑣談とした」とある（『続測候瑣談』、一ページ）。

この本は実に面白い。へえー、へえーと感心しながら読み終えた。海洋関係で言えば、故日高孝次先生や故宇田道隆先生の名前も出てくる。書きぶりは、著者自身が「漫談」と表現しているように、ユーモアたっぷりである。例えば、人物の表現では、誰々さんのおつむは「雲量2」、てな具合である。もう、おかしくて、おかしくて。もちろん、気象観測の歴史を知るにも、気象にかかわる行政を知るにも、いろんな意味で資料としての価値も一級品であると思う。

さて、私ばかりが読んではもったいない。本の修復も終えているので、もし、この欄の読者で読みたい方がおられるのであれば、連絡を下さればお貸しできる。この本を私に託してくれた宇野木先生も、きっとお貸しすることを許してくれるものと思っている。

（二〇〇九年九月一五日）

19　スチューデントのｔ分布

今月の二日(水)、この三月まで本研究科数学専攻におられた服部哲弥先生(現在、慶應義塾大学経済学部教授)から突然メールが入った。私からの「宿題」の答えが得られたようだ、というものであった。以下、服部先生のご了解も得ているので、メールの内容も含めてこのことを紹介する。

服部先生からのメールの冒頭には次のように書かれていた。「唐突ですが、三月に理学研究科で歓送会を開いていただいた折、行きがけのタクシーの中で出された宿題について、別のことで調べ物をしているうちに資料に行き当たりました。宿題は、『スチューデントのｔ分布について、スチューデントが筆名であるという事情は有名だが、分布名ｔのほうはどういう経緯か？』という内容だったと記憶しています。」

本部局では、毎年三月、教授懇談会と称して、退職される教授や、転出される教授の方々の送別会を開催している。市内のホテルで開催するのだが、青葉山キャンパスからのタクシーでの移動の途中、私の長年の疑問を服部先生へお話ししたのであった。

「スチューデントのｔ分布」とは、二つの標本（サンプル）集団の平均値の差が有意かどうかを「検定」するときに用いる分布である。検定とは、「どの程度の確かさで結論を言えるのかを調べること」である。標本数が多いとき(これを自由度が大きいと表現する)には、標本の平均値の分布は正規分布(ガウス分布とも言う)となるが、少ないときは、正規分布より背が低く、裾野が広い分布となる。このような分布を「スチューデントのｔ分布」と呼んでいる。

「スチューデント (Student)」は論文の著者名であるが、ファーストネームもミドルネームもない、単にスチューデントである。このスチューデントは、W.S. Gosset (1876-1937：以下、ゴセットと記す）のペンネームであることはよく知られている。ゴセットは、英国オックスフォード大学で数学と化学の学位を取得し、ビール会社ギネスに入社した。ビールを作るさまざまな工程で、少ない標本数から母集団(検査すべき対象全体のこと)の性質を推測する研究を行なっていた。当然のことながら、抽出する標本数は少ない方が望ましい。

さて、ゴセットがペンネーム「スチューデント(文字通り、学生という意味なのであろう)」を使わざるをえなかった理由は、それ以前、ギネス社の別の技術者が製造工程の秘密を明かす論文を書いたため、会社上層部がこれを問題視し、以後、社員に論文を書くことを禁じたためだ。ゴセットがスチューデントであることをギネス社が知ったのは、彼の死後のことであったという。

このあたりの事情は、『統計学を拓いた異才たち―経験則から科学へ進展した一世紀―」(D・ザルツブルグ著、竹内恵行・熊谷悦生訳、日本経済新聞社、二〇〇六年)に詳しい。

さて、さまざまな母集団に関する推定値がとる確率密度分布が提案されており、それぞれ名前が付いている。例えば、二つの標本集団の間で、分散(ばらつきのこと、標準偏差の2乗)が等しいかどうかを調べるときに用いる「F分布」は有名である。これは統計学の大御所、R・A・フィッシャー(R.A. Fisher, 1890-1962)の頭文字が分布の名前となった。以下の服部先生のメールにあるように、このフィッシャーこそがまさにt分布の生みの親だったのである。

私は、スチューデントのt分布はどうして「t」分布であるのか、ずっと疑問に思い、少しは調べていたのだが、結局わからずじまいであった。それで統計学や確率論を専門とされている服部先生とタクシーでご一緒したとき、これ幸いとお尋ねしたのであった。

【服部先生からのメールの続き】

最近、スチューデントの原論文と、それを検討して「スチューデントのt分布」を世に広めた大御所フィッシャーの論文を貼っているウェブサイトに行き当たりました。

Student, 'The probable error of a mean', Biometrica, 6 (1908), 1-25.
http://cda.mrs.umn.edu/~jongmink/Stat2611/s1.pdf

R.A. Fisher,'Applications of "Student's" distribution', Metron, 5 (1925), 90-104.
http://digital.library.adelaide.edu.au/coll/special//

fisher/43.pdf
http://digital.library.adelaide.edu.au/coll/special//fisher/stat_math.html

これらを読んで事情が想像できた気がします。結論から言うと、

・[事実]スチューデントはtという変数を上記論文で使わなかった。
・[事実]フィッシャーは上記の論文でt分布に従う確率変数をtと置いた(したがって、これがt分布に従う変数を初めて「t」と置いた論文)。
・[印象]フィッシャーはtと置くにあたって、特別な意味を持たせた気配は無い、
・[推測]むしろ、フィッシャー自身は、単に特別な意味の無い変数としてtと置いたつもりだったのが、特別な意味がなかったおかげでそのまま残ってしまった。

というのがt分布の「t」の由来だろうというのが私の推測です。」

なお、この文章に続いて、さらに詳しい解説が付けられていた。これらをこの欄の最後に示しておく。

結局フィッシャーは、ゴセットが使った変数(ゴセットは「z」を使った)の定義を少し変え、その変数にtを用いたのである。なお、この定義式の直前の式は、標本分散「sの2乗」に対する式であるので、アルファベットでsの次のtを使ったと考えるのが自然のようだ。これが、今日、t分布とかt検定と呼ばれる始まりであった。服部先生は、tという変数はあまりにも無色な、すなわち、何の意味も付与されていないために、今日まで残ったのだろうと推測する。

以上の説明、これには私も納得する。これで長年の疑問が解決した。機会があれば、このことを紹介することにしよう。それにしても服部先生のメールの記述、「事実」や「印象」、「推測」とか、なんと数学者らしい明瞭な記述なのでしょう、感心しました。

【服部先生による詳しい説明】

(以下の文章では、一部表現を変えたり、追記したりしたところがある。また、文中に(注1)などとして、末尾に注釈を記した。また、tも含めて変数などはすべてtなどと横向きで表現する。)

まず、スチューデントの論文（一九〇八）にはtという変数は出てきません。彼の問題意識は今日の教科書の説明と同様に、サンプル平均$\bar{x}$を標本標準偏差sを単位にして計った変数 $z=\bar{x}/s$ の分布yです。（x, s, z, yはスチューデントの論文の変数名。スチューデントの論文の八ページ目に出てきます。そこまではχ^2分布（注1）の話。）問題意識は最初から不変ですが、変数はx, y, zと「無色」のものを選んだようです。

フィッシャーの論文(Fisher, 1925)は、一九二〇年代にスチューデントから、上記の論文を、「使ってくれそうなのはフィッシャーさんだけ」と送られたのを受けて書いたものだそうで、この論文がスチューデントのt分布が世に広まったきっかけのようです。

当時の生物計測学派の主流であった大標本理論に対して、農事試験場にいたフィッシャーが、サンプル数の少ない小標本理論の重要性、すなわち、母集団ではなく標本の偏差で規格化する必要性、に気づいた、という学問上のいきさつがあったそうです。なお、スチューデントは生物計測学派のボスであるピアーソン（注：Karl Pearson, 1857-1936）の研究室で勉強し、スチューデントが論文を掲載した雑誌「Biometrica」は、まさにピアーソンの雑誌でしたが、ピアーソンはスチューデントのt分布を重視しなかったそうです。フィッシャーとピアーソンの確執は有名だそうですが、スチューデントは温厚な性格で、フィッシャーとも友好関係を保っていたので、論文を送って認めてもらうことができた、といったドラマがあるようです。

フィッシャーの論文に話を戻すと、§1　序文で、正規母集団$N(m, \sigma)$（注2）のサンプルサイズn'のサンプル平均$\{x\}$について、『m, σが既知ならば$t=(\{x\}-m)\sqrt{\{n'\}}/\sigma$（注3）が$N(0,1)$に従う」と注意するところから説き起こしています。（$t, \{\bar{x}\}, m, n', \sigma$はフィッシャーの論文の変数名。）そして§2　本論の最初で、標本分散s^2を導入した後、$t=(\{\bar{x}\}-m)\sqrt{\{n'\}}/s$として、変数$t$を定義します。$t$という変数はここで初めてスチューデントの$t$分布に従う変数として登場します。

スチューデントが単純にsを単位にしてxを計る、という立場だったのに対して、フィッシャーは漸近理論への意識がすでにあったようで、サンプルサイズn´～∞でN(0,1)に従う変数になるようにn´の平方根をかけています。このこともあって、スチューデントの変数名 z からあえて変えたのかもしれません。

また、§1で、N (0,1) に従う変数をいったん t とおいていることからも、t は「無色」の、由来のない、暫定的な変数のつもりだったように見えます。

さらに§2では、標本分散 s^2 の定義式に続いて、並べるように、t の定義が書かれているので、「s」の次の「t」という意味合いに見えます。

これらの三つの点から、フィッシャー が問題の量(標本平均と標本標準偏差の比)を t と書くに当たって、特別な意図がなかった、という印象をもちました。

フィッシャー以降の論文や著書については知りませんが、フィッシャーが t を使っているので、これが「t」の起こりであることは間違いありませんから、あとはそれがのちに他の変数名で「上書き」されなかったということになります。その事情は推測するよりありありませんが、「t」に色がついてなかったことが幸いした(?)としか思えません。

以上が、最初の結論の要約の内容です。

【以下、筆者による注釈】

注1：カイ2乗と読む。

注2：N (m, σ) とは、平均値m、標準偏差σの正規分布のこと。したがって、後に出てくるN (0,1) とは、平均値ゼロ、標準偏差1の正規分布を意味する。

注3：ルート(√)の後ろの項(スラッシュの前まで)は、√の中にあると読む。

(二〇〇九年一二月一五日)

20　イカは烏の賊

地元紙河北新報の二月二一日（日）朝刊の社会面に、「三・四メートル／巨大イカ漂着／新潟」との記事が掲載された。新潟市の海岸に、ダイオウイカの死骸が打ち上げられたとのことである。全長は三・四メートル、胴体部分だけで約一・七メートル、重さ約一〇九キログラムの巨大なイカである。このダイオウイカ、世界最大級の無脊椎動物で、深海に生息しているため生態がよくわかっていないという。

この記事には写真が添えられてあった。イカの全身が写っており、その頭と脚の方に二人座っていた。人の大きさと比較しても、三・四メートルのダイオウイカ、確かに巨大である。

この記事を読んで、イカを漢字で書けば「烏賊」であることを思い出した。何を急に、と思われるかもしれないが、約一〇年前に次のようなことがあったのである。

日本に長く住んでいるアメリカ人が、私に「イカという漢字を書けるか」と聞いてきた。「烏の賊と書くが、なぜこの漢字を当てるのかは知らない」というと、どうしてそのように書くのか知りたいのだ、という。そこで、イカを研究している方を知っているので聞いてみよう、とその場を収めた。

北海道大学水産学部（現大学院水産科学院）にS先生がおられる。S先生は、海洋環境とイカの資源量の関係を研究されている方である。よく存知あげている先生なので、早速お聞きすることにした。二〇〇二年六月のことである。

「イカのことは何でも聞いてくださいとのお言葉に甘えて質問します。イカはどうして漢字で『烏賊』と書くのでしょう。『烏』は黒いから『イカ墨』を連想しそうですが、『賊』はどんな意味なのでしょう。漢字に興味をもっているアメリカの人が、どうしてイカが漢字で『烏賊』なのか、不思議でたまらないのだそうです。私はノーアイディアと答えざるを得ませんでした。もし、おわかりでしたら、教えてください。」

私からの問い合わせに対し、練習船おしょろ丸で、北部北太平洋に海洋観測に出ていたS先生からすぐに返事が来た。

「お久しぶりです。(中略)さて、烏賊(ウゾク)ですが、正確な出典は船上のため調べられませんが、中国の古典に以下のように書かれていたと記憶しています。『青いのどかな海に、何やら白い物体がぽっかりと浮かんでいた。空を飛んでいた鳥(正確な鳥の名前は忘れましたが、鳥であればウミウでしょうか)は、しめしめおいしい餌が浮かんでいると、素早くその白い物体に近づき食べようとして海面へと飛び込んだ瞬間。白い物体は一瞬のうちに逆襲して、鳥を捕えて食べてしまった』。かなり大きなイカで、中国周辺の海ですから、多分亜熱帯性のソデイカ(Thysanoteuthis rhombus:山陰・京都の日本海ではタルイカ、アカイカと呼び、最大二〇キログラムになる)という種類ではないかと、私は推定しています。イカは、自分と同じ大きさの生物を食べることができます。」(一部改変)

イカを烏賊と書くのは中国の古典が出典であること、烏はカラスではなく、(おそらく)ウミウであること、ウミウがイカに食べられることもあることから、ウミウにとってイカは「賊」であるので、イカを烏賊と書く、とのことである。続けてS先生は、次のようなエピソードを教えてくださった。

「余談ですが、今から二〇年前に青森県の三厩漁協の漁業者から聞いた本当の話です。『ある冬の、のどかな日、三厩海岸近くの海にたくさんの白鳥が舞い降りた。のどかな時間がすぎたあと、突然白鳥は海面を離れた。ところが、一羽の白鳥は飛び立たない。さかんに羽根をばたつかせ、しだいに海中へと沈んでゆく。あまりにもかわいそうだと思い、漁師は海に入り白鳥を助けようとした。白鳥を抱きかかえようとすると、なんとその下から巨大なタコ(ミズダコ)が白鳥を強い腕で抱え込んで、今にも食べようとしていた。白鳥を太いタコの腕から離し、そのミズダコを捕まえることができたものの、さすがにそのミズダコを食べることはできなかった』そうです。」

実際にイカならぬタコではあるが、白鳥を捕まえる場面に出くわした人もいるとは、中国の古典の描写の信憑性を高めているのではなかろうか。S先生のメールに対し、私は次のような返信をした。

「遠く北洋からのご回答、有難うございます。(略)

鳥賊について、教えていただき有難うございました。『ウミウ』を捕まえる『賊』で、『烏賊（うぞく）』なのだということ、わかりました。それにしてもなんと面白いのでしょう。早速、アメリカの友人に伝えます。お忙しい中、有難うございました。航海のご無事を祈っております。（略）」

巨大なダイオウイカが岸に打ち上げられたとの記事を読んで、イカは烏賊と書くのだった、と再認識した次第である。

（二〇一〇年三月一五日）

21　西村淳『面白南極料理人』

西村淳さんの本との最初の出合いは、数年前、仙台駅の本屋で見つけた「面白南極料理人」（新潮文庫、二〇〇四年）である。南極で越冬した研究者を何人も知っているし、また、身近にもいる。そう、約一〇年前の第四〇次と数年前の第四八次南極観測越冬隊長は、私の大学時代の同期のM君であった。そのようなこともあり、彼らのことを思い出しながらたいへん面白く読めた。その後、続編である「面白南極料理人　笑う食卓」（新潮文庫、二〇〇六年）も楽しんだ。

上記の本の執筆当時、著者の西村さんは、海上保安庁警備救難部の巡視船の司厨（しちゅう）部に配属されていた。司厨部とは、乗組員に食事の世話をする部署のことである。西村さんは、ひょんなことから南極観測越冬隊に選ばれ、二回も参加することとなった。そのときの体験談をウェブサイトに掲載したところ大好評を博したという。その後、ある出版社で本になったのが、著者の初めての本、「面白南極料理人」である。

著者には天性のものがあるのだろう。言葉使いも発想も、そして行動も、すべてに面白い。この単行本は売れたに違いない。そこに新潮社が目をつけた。そして、その後の著者の本は、新潮文庫書き下ろしとして出版されている。新潮社も目ざとい、商売上手ですなー。

さて、その後しばらく、西村さんの本を忘れていたのであるが、昨年の夏、再び本屋で、「面白南極料理人 名人誕生」（新潮文庫、二〇〇九年）に出合った。この本も西村節が絶好調、抱腹絶倒、請け合いです。

この文庫本の帯には、二〇〇九年八月、「南極料理人」映画公開、とあった。そうでしょうね、この題材は映画になりそうです。とは言っても、南極でロケするわけにはいかないだろうし、場所が南極と、どのように表現するのだろう、と心配になった。

その後、この映画を観ることとなった。そして、上記の心配はまったく杞憂であることがわかった。ここが南極だと言われて全く違和感はない。もっとも、私は南極に行ったことがないのだが。ところで、映画の主人公、西村さん役は堺雅人さんである。堺さん、爽やか過ぎですよ。お会いしたことがないのだが、西村さんはもっと「脂ぎっているような」…、いや失礼。この映画、十分楽しめました。

そして、出版の順序は後先なのだが、その後、「身近なもので生き延びろ―知恵と工夫で大災害に勝つ―」（新潮文庫、二〇〇八年）も読むこととなった。

本の内容は、題名の通りである。災害時に身近なものを利用して防災グッズとするアイデアが満載である。そう、防災グッズなど何か専用のものなど必要ないのである。身近なもので十分代用が利くのである。きっとこのアイデアには、海上保安庁時代の経験が十分生かされているのであろう。

さて、ひょんなことから、この「身近なもので生き延びろ―知恵と工夫で大災害に勝つ―」など、私のもっている西村さんの文庫本を研究室の人たちに貸し出すこととなった。借りて読んだ中の一人、ポスドクのIさんから返されてきた本には、次のような感想を書いたポストイットが貼られてあった。「大地震があった時に、引っ張り出してもう一度読みたいですね。防災グッズの中に入れとくのが賢明ですかね」。

そう、これは名案。新潮社宣伝部の皆さん、「防災グッズにこの一冊」、「防災袋の必備本」などのキャッチコピーで、この本を今からでももう一度宣伝したらどうだろうか。売れますよ、きっと。

（二〇一〇年四月一五日）

22　高嶋哲夫『TSUNAMI　津波』

二〇一〇年二月二七日（土）、南米チリで大地震が起こった。地震の大きさを示すマグニチュードは八・八であった。この地震、観測された地震の中で、史上第五位の大きさだという。

さて、一九六〇年に起こったマグニチュード九・五のチリ地震では大きな津波が発生し、太平洋を横断して日本の沿岸を襲い、甚大な被害が出た。今回もその恐れがあり、気象庁は翌二八日、三メートル以上の高さの津波が予想されるとして「大津波警報」を発令した。そして、津波の第一波は、地震発生から約二二時間後の同日昼過ぎ、日本の太平洋沿岸を襲った。

結果的に今回の津波の高さ（その時間に予想される海面水位から測った波の最大の高さ）は二メートル未満であり、幸いなことに、人的な被害はなかった。一方でこの大津波警報により、海岸沿いを走る列車や道路などを長時間止めたため、交通や運輸などに大きな影響がでた。そのためであろう、気象庁には批判が寄せられたという。そこで気象庁は三月一日(月)、津波を過大に予測したことへの謝罪を表明した。

しかし、翌二日には、謝罪はする必要が無いとの前原運輸交通大臣の記者会見があった。私自身も、この謝罪はまったく必要なかったのではと思っていた。確かに、列車運行への影響があるような津波ではなかったとは言え、それは結果論であり、警報を出した時点では大きな被害が生じる危険性を誰も否定できなかったのである。三月八日(月)に開催された、私が会長を務めている気象庁気候問題懇談会の終了後、読売新聞社科学部のHさんともども、気象庁幹部の一人に、謝罪の必要はなかったのではと申し上げた。その後、どのような経緯があったのかは知らないのだが、気象庁長官は三月一八日(木)の定例の記者会見で、この謝罪を取り下げた。

ところで今回、「津波の高さばかりに目を奪われるのは間違っている」との専門家の指摘あった。東北大学で津波を研究しているI先生は、津波の押し波の高さ(津波の高さとは通常この高さのこと)ばかりでなく、引き波の「低さ」も問題だ、と指摘する。I先生の調査によると、今回は、引き波の低さが大きかったらしい。結果として、高水位と低水位の差は大きくなり、その分海水の移動の速さ(流速)も大きかった(河北新報、三月三日(水)朝刊の記事による)。

そのためであろう、この津波によって、岩手県や宮城県ではホタテなどの養殖筏が大量に流された。その被害総額は約六〇億円と見積もられている(三月一一日現在)。この津波、三陸沿岸の漁業者や水産業界に大打撃を与えたのである。

さて、偶然以外のなにものでもないのだが、この津波騒動のときに読んでいたのが高嶋哲夫さんの小説「TSUNAMI　津波」(集英社文庫、二〇〇九年)である。日本南岸で起こった大地震「東海地震」による津波が、名古屋などの各都市を襲う。それに対する政府、ある企業、米国海軍の原子力空母、原子力発電所などでの対応を、大学時代地震を研究し、その後市役所に入って防災を担当している若者の行動を通して描いている。

この若者は、役所での対応とは別に、独自にN

ＰＯ団体のネットワーク「太平洋岸津波防災ネットワーク」を構築していた。この団体が地震と津波の災害への対策に大活躍する。この部分の記述は少ないのだが、著者の高嶋さんは、この小説でこのような組織の重要性を説きたかったのだろう。地震・津波対策に対する高嶋さんの思考実験の表れだと思える。

以下は蛇足。津波の英語は、高嶋さんの本の題名にもあるように「tsunami」である。日本語がそのまま英語での学術用語となったものの一つである。

では、どうして津波というのだろう。津波とは、「津」の波であり、津とは、入り江や湾のことを指す。外洋ではほとんど感じないような小さな波でも、湾の中でその振幅が増大する。外洋で何も気づかず漁をしていた船が港に戻り、湾内は大波によって大きな被害が出ていることを知った漁民たちが、その波は津(だけ)の波だ、としてこのように呼んだ。したがって、津波が予想されるときは、船舶は沖合に出で避難するのは、理に適っているのである。

（二〇一〇年四月一五日）

23　快挙―二代続けての日本学士院エジンバラ公賞受賞

日本学士院エジンバラ公賞は、イギリスのエリザベス現女王の夫君であるエジンバラ公フィリップ殿下（1921-2021）が日本学士院名誉会員になったことを記念に一九八七年に制定された。日本学士院のウェブサイトには、「広く自然保護及び種の保全の基礎となるすぐれた学術的成果を挙げた者に対して（エジンバラ公）賞を与える」とある。一九八八年から隔年で受賞者が選ばれることになっており、第一二回目となる今年は東北大学名誉教授西平守孝先生が受賞された。

西平守孝先生は二〇〇三年三月まで大学院生命科学研究科に勤めておられた。この七月五日(月)、片平キャンパスにある生命科学プロジェクト総合研究棟で、同じく今年度学士院賞を受賞された東北大学名誉教授大類洋先生（元生命科学研究科・教授）とともに、記念講演会と受賞祝賀会が開催された。水野健作現生命科学研究科長の依頼により、祝賀会での挨拶を頼まれたので、大要、以下のような話をした。

私は一九七〇年代後半、理学研究科の地球物理学専攻、海洋物理学講座で大学院時代を過ごした。当時は公害問題や、沿岸域の環境汚染などが問題になっており、私が師事した先生とともに、大学院時代の五年間、理学部生物学科動物生態学講座(当時)の故栗原康先生(1925-2005)のグループと一緒に、仙台市を流れる七北田川河口域(河川下流域の海水が遡上している部分のこと)や、蒲生干潟で淡水や海水の流れや混合などの物理環境と、生態系の関係についての調査研究を行なった。この研究では、元本学東北アジア研究センターのK・i先生(現東北大学名誉教授)や、現琉球大学理学部長のT先生、地球環境研究所のKa先生達と、ご一緒させて頂いた。そして、この研究の過程でいくつかの論文が生まれたが、一九八二年に、私が第一著者で、栗原先生とK・i先生が共著者となっている論文を日本陸水学会誌(Hanawa et al., 1982)に発表した。

話はそれから一〇年後の一九九二年に飛ぶ。私は同年三月五日から七日まで、国際ワークショップに参加するため、北海道釧路市を訪問した。五日の夕方、ホテルにチェックインしたところ、多くの警備の人たちがいた。部屋に荷物を置いて食事に出かけようとしたとき、ホテルのレストランを見ると、外国からの方を含む五~六人の人たちが、一つのテーブルを囲み、食事をされていた。ホテルの方に何かあったのですか、と聞いたところ、イギリスのエジンバラ公フィリップ殿下が、夕食会をしているとのことであった。釧路市には有名な湿地帯である釧路湿原があり、その視察だという。フィリップ殿下は、WWF(World Wildlife Fund：世界自然保護基金)の名誉総裁として、自然保護に熱心な方であることは有名である。ホテルの方は、どうぞレストランは利用できますよ、と説明してくれたが、私は居酒屋で一杯やる方が性にあっているので、そのままホテルを離れた。

さて、それから一〇年後の二〇〇二年、栗原康先生が、「生態系の解析手法の研究と環境保全への応用」の功績により、日本学士院エジンバラ公賞を受賞されたとの嬉しい報に接した。そして、その年の一〇月に受賞祝賀会が仙台市内のホテルで行なわれ、私も参加させて頂いたので、栗原先生にお祝いの言葉を述べることができた。

そして、今回、栗原康先生の後任である西平守孝先生が、「サンゴ礁の形成と保全」に関わる研究の功績で、日本学士院エジンバラ公賞を受賞したとの報に接した。同じ講座を続けて担任された二人の先生が、お二人とも日本学士院エジンバラ公賞を受賞された、ということは、これはエジンバラ公賞にとっても、初めてのことである。まさに快挙であり、誉れ高いことである。

西平守孝先生は、琉球大学理学部教授から一九九一年四月に本学理学部教授へ着任された。そして、生命科学研究科が発足する二〇〇一年三月までの一〇年間、理学研究科に所属されている。そのようなこともあり、先日、西平守孝先生の今回の受賞の喜びを、理学研究科にも是非「おすそ分け」してください、と水野健作生命科学研究科長にお願いした。もちろん、ご快諾を得ることができた。

そのようなわけで、西平守孝先生には、理学研究科の全構成員が今回の受賞を祝い、喜んでいることをここにぜひお伝えしたいと思う。西平守孝先生、日本学士院エジンバラ公賞の受賞、誠におめでとうございます。

（二〇一〇年七月一五日）

24　降水量の表し方

二〇一〇年八月下旬、ドイツのハンブルグに出張した。一九九五年以来、一五年ぶり二度目のハンブルグ訪問である。この出張中にドイツでの降水量の表現が日本とは異なっていることがわかった。

ホテルでふと見たテレビのニュースで、どこかの地方で洪水が起こったのであろうか、大雨により被害がでたことを報道していた。

このニュースの中で、いくつかの地点の「降水量」が字幕で出た。ある地点で「一八六リットル／平方メートル」、また別の地点では「一三五リットル／平方メートル」とある。アナウンサーの説明はドイツ語なのでよく理解できなかったが、この値は一日（二四時間）当たりの降水量に違いない。一時間降水量でも、あり得なくはないのだが。ここでの注目点は、降水量の表し方である。ドイツでは、一平方メートル（単位面積）に降った降水量を、リットルという「体積」の単位で表現していたのである。

日本では降水量は「厚さ」（あるいは「深さ」）という長さの単位で表している。「仙台の明日の二四時間降水量は一〇ミリメートルでしょう」とか、「仙台の今日の一〇時からの降水量は、一時間で二〇ミリメートルという土砂降りの雨になりました」という具合である。雨水が流れずにそのままじっとそこにあれば、一時間に二〇ミリメートルという厚さの分だけ溜まる、と私たちは理解する。

ところで、一八六リットル／平方メートルの降水量とは日本での表現「ミリメートル」で表すとどの程度になるのだろうかと計算してみた。何のことはない、そのままミリメートルに直してよいのであった。確かに、二四時間降水量が一八六ミリメートルの雨は尋常ではなく、土砂崩れなどの被害が出てもおかしくない大雨である。

ニュースの最後が天気予報になったので、気温の単位はどうだろう、と見ていたら、摂氏（℃）で表現されていた。会議の三日目の天気は雨、最高気温が摂氏一七度、最低気温が摂氏一二度であった。猛暑の日本から出張した私たちにとっては、寒いくらいの気温であった。

外国出張すると、このような単位の違いに戸惑うことが多い。特に米国は、単位に関しては唯我独尊、独立独歩である。例えば、気温は華氏(F)で表現される。今日の最高気温は華氏一〇〇度などと。こうなるといけません。換算しなくては感覚がつかめない。華氏から摂氏に直すには、華氏から三二を引いて九分の五を掛ければよいので、華氏一〇〇度とは、摂氏でおよそ三八度のことである。

さて、降水量であるが、「量(かさ)」が付くからには本来は体積で表すのが筋であろう。その意味では、「リットル／平方メートル」という単位の方が「ミリメートル」で表すよりも、降水量という名称には整合性が取れている。合理的なドイツ人の考え方らしい。

(二〇一〇年九月一五日)

25 「科学」の巻頭に歴史小説

二〇一〇年九月のある日のこと、定期購読している岩波書店の「科学」一〇月号が研究室に届いた。さっそくページをめくると、巻頭エッセイ、目次、岩波書店発行の本の宣伝に続き、なんと小説が掲載されている。作家をみると、植松三十里(うえまつみどり)さんであった。これは読まなければなりませんね。

連載歴史小説「黒鉄(くろがね)の志士たち―反射炉建設と大砲鋳造への挑戦―」と題されたこの小説、江戸末期、佐賀藩で起こった出来事を題材にしたもののようだ。

さて、植松三十里さんである。直接お目にかかったことはないが、旦那さん(ここでは名前を記すことなく、このような表現としたい)はずっと前からお付き合いのある方である。同じ海洋学分野で、海洋化学・大気化学を専門としており、研究者仲間と言ってもよい。同い年であり、また、日本海洋学会では私の前の副会長を務めていらした。

そのようなこともあり、以前から、奥様が小説を書き始めたこと、「三十里」はペンネームで、名字が「植松」だけに、松を三十里(約一二〇キロメートル)も植えたら、どんなに素晴らしいだろうとのことで付けた、などと聞いていた。

三十里さんの小説ではこれまで「お龍(おりょう)」(新人物文庫、二〇〇九年)を読んだ。お龍さんは、ご存知、坂本竜馬の連れ合いである。小説は、登場する主人公を温かい目で見ている著者の姿が読み取れ、読後感がとても清々しいものであった。

今回、お名前を見て思いだしたのだが、三十里さんは昨年四月『日本海軍の礎を築いた男　群青』(文藝春秋、二〇〇八年)で新田次郎文学賞を受賞された。受賞発表翌日の新聞報道でそのことを知った私は、旦那さんにお祝いの電子メールを送っている(二〇〇九年四月一七日)。

「奥様が新田次郎賞を受賞されることを知りました。おめでとうございます。学会賞受賞と、ダブル受賞で、今年はいい年になりましたね。」

文中にあるように、旦那さんは三月末に開催された二〇〇九年度日本海洋学会春季大会で学会賞を受賞されていたのである。旦那さんからはその日のうちに次のような返事があった。

「ありがとうございます。本人には全く知らされておらず、突然の受賞通知で舞い上がっていました。私は酔っぱらって帰路を急ぐあまり、駅の階段で足を滑らせ、鼻を打って、鼻血が止まらずという強烈な想い出付きの昨夜でした。温度・湿度・気圧計が正賞だそうですが、なんといっても百万円ですよねぇ。」

受賞発表当日、旦那さんは顔を血まみれにして帰宅したようだ。確かに、これは強烈な思い出に違いない。なお、新田次郎賞の正賞は、「温度・湿度・気圧計」であることを、このメールで初めて知った。なるほど新田次郎さん(1912-1980：ペンネームで本名は藤原寛人(ふじわら ひろと)さん。数学者でエッセイストの藤原正彦さんの父君)は気象庁に勤めていたので、これは合点がいく。

旦那さんの学会賞の賞金は一〇万円、三十里さんの新田次郎賞の賞金は一〇〇万円、植松家の賞金は合わせて一一〇万円。さてどうなったのか。そのうち、旦那さんに聞いてみることにしよう。余計なお世話、と怒られそうだが。

ところで日本では科学雑誌があまり売れていないようである。一九八〇年代、多くの科学雑誌が出たが、一九九〇年代後半に相次いで廃刊となった。私は個人的には中央公論社の「自然」が好きで定期購読していたが、一九八四年に廃刊となった。その中で岩波書店の「科学」は、一九三一年の発刊以来、一貫して科学の研究成果を一般の方向けに紹介している。販売が苦しい科学雑誌であるが、小説を掲載する効果がどのように現れるのだろうと、別な興味も湧いてきているところである。

なお、上記の文章の掲載の了承を得るため、予め旦那さんに送ったところ、新田次郎賞の受賞当日の「顛末」が書かれてあった。これがまた面白いのである。さすが、旦那さん、期待に違わず話題を作ってくれる。これもそのうち紹介するとしよう。

（二〇一〇年一〇月一五日）

26 はやぶさブーム

今年（二〇一〇年）六月一三日の深夜、七年間、六〇億キロメートルに及ぶ飛行を終え、宇宙航空研究開発機構（以下、JAXA）が小惑星「イトカワ」へ向けて打ち上げた探査機「はやぶさ」が地球に戻ってきた。まさに「満身創痍の帰還」で、日本中がこの快挙に喝采を送った。それ以降、「はやぶさブーム」とも呼べる状況が続いている。

本学にも、このはやぶさミッションに関わった研究者がおられる。そのようなこともあり、一〇月三日（日）から一〇日（日）まで、片平キャンパスの新しい建物であるエクステンション教育研究棟のお披露目行事の一環として、はやぶさ関連の展示会が開催された。期間中に一万四〇〇〇人もの多くの人が訪れ、企画は大成功であった。

この展示会は、本学総合学術博物館のN・i先生の企画である。目玉は、これまでJAXAの建物の入口に飾られていたという「はやぶさ」の実物大模型の展示である。正確には「模型」ではなく、高熱への耐久性を調べた「実験機」だという。本学でこのミッションに関わったのは、小惑星イトカワのサンプルを採取する装置を開発された工学研究科のY先生、イオンエンジンの開発に携わった同じく工学研究科のA先生、そして、採集したサンプルの分析チーム・リーダーである本理学研究科のNa先生である。この展示会は、この方たちの活躍を紹介するのも目的であった。

さて、はやぶさの帰還以来五か月ほど経ったが、この間の報道などを題材に、いくつかの話を書いてみたい。

この帰還に日本中が沸きたったのも頷ける。何せ満身創痍の帰還なのであるから。日本人はこういうのに実に弱い。もちろん、私もそうである。化学エンジン(化学剤を噴出して推進力を得る装置のこと)も、四機あるイオンエンジン(同じくイオンを噴出して姿勢を変えたりする装置)も、すべてが故障した。また、通信が一時途絶えたこともある。結局故障した二つのイオンエンジンから、動作する部分を組み合わせて一つのイオンエンジンとして働かせ、軌道制御を行ない、そして推進力を得た。そのようなこともあり、当初、二〇〇七年六月の帰還予定が、三年も伸びてしまったのである。

なお、複数のイオンエンジンから、クロスして一つのエンジンとして使う仕組みは、開発した技術者が念のためとして、〝こっそり〟仕込んでおいたのだそうだ。この技術者、実際に不具合が起こることを予見していたのだろうか。そこまで考えていたとは驚くべきことである。

はやぶさが燃え尽き、切り離されたカプセルがオーストラリアの砂漠に着陸した翌日の新聞各紙の朝刊は、この快挙を一面トップで報じた。「はやぶさ帰還」がほとんどの新聞のトップの見出しである中で、毎日新聞の見出しは「『はやぶさ』完全燃焼」である。はやぶさは、小惑星イトカワのサンプルを採集して帰還する、というミッションを完全になしとげたので完全燃焼、そして大気圏突入後、本体は燃え尽きてしまったので完全燃焼、ということであろう。見出しの出来は毎日新聞の圧勝である。

昨年秋に行なわれた「事業仕分け」では、宇宙関係の事業も対象となった。その中で、はやぶさ後継機である「はやぶさ2」の製作予算は大幅な削減と判断された。実際、今年度の予算は、総額一六四億円と言われる製作費であるが、たった三〇〇〇万円であった。これは、実質後継プロジェクトは認めないとの判断に等しかった。

ところがどうであろう、はやぶさの帰還により、多くの新聞の社説も含め、我が国の宇宙関係の技術力の高さが称賛され、技術の継承を望む声が高まった。このような世論の動向を背景に、文部科学省はそれまでの判断を覆し、八月上旬、はやぶさ2の開発促進を掲げ、平成二三年度予算に、十数億円を計上することを決めた。

これを記している現在、宇宙関係の研究費は「元気な日本復活特別枠」の中で概算要求されている。来年度、はやぶさ2の製作に実際着手できるかは、この「政策コンテスト」(事業仕分け)の結果いかんにかかっている。それにしても、政策決定者のこの変わり身の早さはどうなのだろう? また、事業仕分けとは一体何だったのだろう? と思わずにはいられない。

はやぶさミッションを責任者として指揮したのは、JAXAの川口淳一郎先生である。川口先生は、いまや「時の人」で、多くのメディアではやぶさミッションの苦労話や裏話が発信されるとともに、ご自身の生い立ちなどの情報まで報道されることになった。

その中に、毎日新聞のNa記者によるインタビュー記事「時代を駆ける/川口淳一郎」があった(六月二九日から七月一〇日までの日・月を除き一〇回連載)。このインタビュー記事で、川口先生の次のような発言があった。(七月八日、第八回目の記事)。

「はやぶさの地球帰還の翌日、菅直人首相からお祝いの電話がきた。『何が大事だったと思いますか』と聞かれ、『技術より根性ですね』と答えた」という。そして次のように続ける。

『根性』には『意地と忍耐』と言う意味を含みます。過去の探査機やロケットで『いまひとつ根性が足りなかった』と反省する場面がいくつかありました。(略)『難しいから仕方がない』と言うのは妥協です。意地も忍耐も足りない。かじりついてでも運用を続けることが成功の最低条件、と後になって気づきました」。

成功の秘訣を問われ、「技術よりも根性」と答えたのである。いまどき精神論？　と、私はこの発言に驚いた。私だけではなく、いろんな人があっと思ったのであろう、後日、産経新聞の記事でも、記者からの質問にこれが取り上げられた（話の肖像画‥はやぶさの挑戦（上）宇宙航空研究開発機構教授・川口淳一郎、二〇一〇年九月一四日）。

記者から、「成功の理由は『技術より根性』とか」と問われ、川口先生は、「技術はもちろん大事ですが、長い飛行なので根性というか、まあ意地と忍耐なんだと思いますね。（はやぶさは）そんなに簡単に動いてくれないし、事態も好転しない」と答えている。

おそらくこの背景には、川口先生は、技術には最善を尽くした、という自負があったのではないか。技術への確信があったからこそ、打開する知恵があれば、難局を乗り越えられる、その知恵を根気よく、意地でも考え出すことが重要なのだ、だから根性なのだ、と私は理解したい。

ところで、一〇月一四日（木）の新聞で、「ＪＡＸＡ『はやぶさ』プロジェクトチーム」が、第五八回菊池寛賞（日本文学振興財団主催）を受賞したことが報じられた。文藝春秋のウェブサイトによると、その受賞理由には、「プロジェクトがスタートして十五年、打ち上げてから七年、小惑星『イトカワ』に着陸し、数々の困難を克服して帰還を果たす。日本の科学技術力を世界に知らしめ、国民に希望と夢を与えた」とある。

私は、菊池寛賞は文学賞の類だと思っていたので、この受賞の報道に驚いた。文藝春秋のウェブサイトには、「菊池寛賞は、故菊池寛が日本文化の各方面に遺した功績を記念するための賞で、昭和二七年に制定され」、「同氏が生前、特に関係の深かった文学、演劇、映画、放送、雑誌、及び広く文化活動一般の分野において、その年度に最も清新かつ創造的な業績をあげた人、或いは団体を対象としております」とある。

はやぶさの偉業は、「広く文化活動一般の分野」に該当するとみなされたのだろう。しかし、世の中がこんなに沸き立ったのだから、例外的に与えられたのかと思って過去の受賞者を調べてみると、一九九九年の第四七回では、「国立天文台『すばる』

プロジェクトチーム」が受賞していることがわかった。例外でもなんでもなく、菊池寛賞の対象の広さを示すものであった。

さて、一一月一〇日付の朝日新聞によれば、カプセルから、小さな粒（一〇〇分の一ミリメートル以下）のサンプルが一五〇〇個あまり採取されているとのことである。詳細な分析はまだ行なわれておらず、はやぶさが小惑星イトカワから本当にサンプルを持ち帰っているかどうか、現時点ではまだ断定できないという。理学研究科のＮａ先生によると、どんな小さなサンプルでも分析は可能であるとのことである。本当にイトカワのサンプルが得られたのかどうか、決着がつくまで、まだしばらく時間がかかりそうである。

一粒でもいいのでイトカワのサンプルが見つかって欲しい。はやぶさの本当の「mission complete」は、そのときなのであるから。

（二〇一〇年一一月一五日）

【追記】

ＪＡＸＡは一六日、一五〇〇個の微粒子は、すべてイトカワのサンプルであったと記者発表した。判断の決め手は、サンプルの成分は地球の岩石とは異なり隕石に近いものであること、サンプル採取前にはやぶさが遠隔（離れた地点から）計測したイトカワ表面の岩石成分と同じであることである。月以外の天体からサンプルを地球に持ち帰ったのは世界初のことであり、はやぶさチームの素晴らしい成果である。これからの詳細な分析が人類に何をもたらしてくれるのか、ワクワクしている。はやぶさの偉業、二〇一〇年度の科学界の中でも間違いなく三本の指に入る成果であろう。おめでとう「はやぶさ」、そして、おめでとう「はやぶさチーム」。

（二〇一〇年一一月一七日）

27　運も実力

一二月二八日は、官公庁では「御用納め」の日であり、翌日以降、一月三日まで年末年始の休みとなる。官公庁では御用納めの行事として、それぞれの機関の長が一年の労苦をねぎらい、次の年への期待などを込めた挨拶を行なう。県知事や市長が行なった挨拶の内容は、テレビニュースで報じられたり、翌日の新聞の地方版に紹介されたりする。

さて、東北大学大学院理学研究科・理学部でも、事務系職員、技術系職員、教育研究支援部職員を事務室に集めて、部局長が話をすることが恒例となっている。今回私は、題を付けるとすれば「運も実力」であろうか、大要次のような話をした。

早いもので一二月二八日、御用納めの日を迎えることになった。理学研究科も二〇一〇年を大過なく終えることができるようで、嬉しく思っている。これもひとえに、事務部、技術部、そして教育研究支援部の皆さんの、研究科への日頃の献身的な活動のおかげである。感謝申し上げる。

さて、せっかくの機会なので、一つ、話をしたい。先週の木曜日、一二月二三日の天皇誕生日、川内キャンパスの萩ホールで、本学と読売新聞社共催のサイエンス講座が開催された。今年、大いに話題になった小惑星探査衛星「はやぶさ」に関する講座である。この講座で、宇宙航空研究開発機構のはやぶさプロジェクトのリーダーである川口淳一郎先生が、約一時間の講演を行なった。

大きな仕事を成し遂げた方の話には、含蓄のある言葉がたくさんある。川口先生の講演にも感心した言葉がたくさんあった。その一つが、「運も実力」というものだった。

よく私たちは、私はなんと運が悪いのだろう、それに比べてあの人はなんと運が良いのだろう、などと言いたがる。しかし、そうなのだろうか、ということである。

川口先生は言う、「運はそこら中に転がっているものである。そのこと自体は、私たちが自分でコントロールできるものではない。しかし、この転がっている運を拾うのは、これはその人の実力なのだ」と。はやぶさのプロジェクトで、どの場面で運が良かったのか、説明はなかったが、このようなことが多くの場面で起こっていたのだろう。

この運も実力という言葉は、多くの人が指摘している。二〇〇二年にノーベル物理学賞を受賞された小柴昌俊先生も、少し異なる表現でこのことを話した。二〇〇三年、理学研究科で三つの二一世紀COEプログラムが採択されたのを機会に、キックオフ・シンポジウム(事業の開始にあたってのシンポジウム)を開催したとき、小柴先生の招待講演があった。その講演後の質疑応答の際、ある先生が、「先生がカミオカンデでニュートリノを検出したのは偶然のように思えるのだが」と質問した。そのときの小柴先生の答えは、「(他の人はニュートリノ検出の準備をしておらず)私だけが準備していたから、観測できたのです」であった。

そうそう、フランスの細菌学者であるルイ・パスツール(Louis Pasteur, 1822-1895)の言葉に、「偶然は準備のないものには微笑まない」というものがある。小柴先生の回答は、まさにパスツールと同じものであった。

さて、最近、絶滅したと考えられていた幻の魚、クニマスを「さかなクン」が七〇年ぶりに発見したことが報じられた。天皇陛下も、誕生日に当たっての国民へのメッセージで、さかなクンの貢献を称えたという。

私自身はさかなクンをよく知らない。魚の恰好をした帽子をかぶり、白衣を着て、いつもおどけているような、はしゃいでいるような人との印象をもっているにすぎない。しかし、東京海洋大学の客員准教授である彼は、これまでその道で努力していたからこそ、この発見に結びついているのだと思えるのである。

もう絶滅したと考えられているクニマスであるが、富士五湖の一つ、西湖(さいこ)で生き永らえていた。この間、漁をしている人や釣り人、多くの人がクニマスを絶対見ているはずなのである。それでも、クニマスの発見には結びつかなかった。

クニマスのイラストを描いてほしいという依頼に、可能な限り正確に描こうとしたさかなクンは、多くの漁協に参考のためヒメマスのサンプルを送ってほしいとお願いしたようだ。そのお願いに応えたのが西湖の漁師である。送られたサンプルの中にクニマスが一匹紛れ込んでいた。手に取ったさかなクンは、色黒い魚を見て通常のヒメマスではないと見破り、大学の専門家に鑑定を依頼した。このことがこの大発見に結びついた。そう、さかなクンも日々研鑽を積んでいたのである。

私も「運も実力」ということに同意する。この運を拾うには、日頃の研鑽が重要なのだと思う。日頃の仕事を大事にきちんとこなすことが、力を養うことだと思っている。皆さんにとっての幸運が何であるのか私はわからないが、幸運を呼び込むためにも日々職務に励んでほしい。

明日からの年末年始休暇は、曜日の巡り合わせが悪く、六日間の休暇であるが、二〇一一年を乗り切れるよう、心身ともに英気を養って頂きたい。今年一年、皆さんの努力に感謝する。有難う。

（二〇一一年一月一五日）

28 「平年値」の更新

ニュース番組の最後に、たいてい天気予報の解説がある。その日の天気を解説し、続いて次の日の天気予報を伝え、そして今後一週間の天気の推移が紹介される。この実況や予報の中で、「明日の最高気温は平年より三℃高いでしょう」とか、「ここ一週間は平年並みの気温で推移します」などと表現されることがある。

この「平年並み」、すなわち「平年値」とは一体何だろうか。一般によく知れ渡っているとは思えないが、きちんとした定義がある。現在使っている平年値は、一九七一年から二〇〇〇年までの三〇年間で平均した値である。この平年値は、一〇年おきに更新することとなっている。これはＷＭＯ（世界気象機関）が定めたものであり、各国の気象機関が採用しているグローバル・スタンダードである。

そうすると、今年二〇一一年からは「一九八一年から二〇一〇年までの三〇年間の平均の値」が平年値となる。実際には、これを書いている二月段階ではまだ平年値は発表されていない。毎日新聞一月一二日付の科学欄の記事「今年からは一九八一～二〇一〇年の平均　気象の平均値」（飯田和樹記者）によると、この五月ごろに発表されるらしい。講演などで私は、二〇一一年から使用する平年値が公表されたらきっとニュースになりますよ、と話していたが、このようにすでに予告の記事が出ている。

ニュースになる理由は、平年値が大きく変わる可能性が高いからである。気温で言えば、平年値がぐんと上がると断言できる。その原因はもちろん、この間の温暖化の進行である。世界平均気温は一九七〇年代半ばから急速に上昇し、二〇〇〇年代に入ると上昇率は鈍ったものの、以前高い状態であることは間違いない。このような状況を反映して、「新」平年値も上昇するのである。

さて、この冬を皆さんどう感じているだろう。確かに降雪量は平年よりもかなり多い。では気温はどうだろうか。冬を一二月から二月までとすると、これからどうなるかまだわからないが、北日本や東日本は平均すれば平年並みの気温である。降雪の多い冬ではあるが、気温は平年値よりもかなり低い、というわけではない。

私たちは、最近の数年間と比較して感覚的に表現することが多い。そうすると、この冬はいつになく厳しい冬だ、と判断することになる。厳密に平年値の観点から平年並みの気温である、と表現されてもピンと来ないかもしれない。

このため、温暖化が進行する中での平年値の定義は意味があるのか、という問題が出てくる。実際、ある国際会議で、平年値の定義を見直すべきだと主張していた研究者がいた。

さて、平年値を計算する期間は三〇年である。なぜこの長さなのだろう。気候の変動には、三年から四年のエルニーニョやラニーニャに伴う短周期変動もあれば、一〇年以上数十年の長周期変動もある。また、温暖化のように、気候の一方向の変化もある。特にこの長さで平均しなければならない、という理屈はなさそうである。

私の想像は、人生は六〇年程度である（あった）ので、それを二つに分けた三〇年くらいが気候を捉えるのにちょうどいいのではないかということで選ばれた、というものである。実際はどうやって決められたのか、そのうち調べてみたいと思っている。

（二〇一一年二月一五日）

29　あえなく没になった原稿

二〇一〇年以来、東北大学大学院理学研究科・理学部の教育研究支援部広報室は、高校生向けのリーフレット「理学部物語」の全面リニューアルを行なっている。現在のものはやや硬いので、高校生や一般の方に向けてフレンドリーなものにしたいという。その新しい「理学部物語」の記事の一つとして、私に約二〇〇〇字のエッセイを書いてほしいとの依頼があった。締め切りは一一月末と設定された。昨年一〇月頃の話である。

引き受けはしたのだが、その後は悪戦苦闘の連続。高校生や一般の方が対象というので、正直、ナーバスになってしまったのである。いろいろと書きなぐったのだが、どうもピンと来ず、時間ばかりが経ってしまった。

締め切りはとっくに過ぎ、二月に入った。もう、決断するしかなく、今まで書いてきた文章を寄せ集めた「理学とは、大学とは、研究とは」と題する原稿を広報室に送った。するとすぐ広報室のGさんが飛んできて、エッセイの内容は依頼の趣旨とは違うというのである。

もっと柔らかい、毎月私がこの「折に触れて」の欄に書いているようなものを想定していたのだという。Gさんは、この欄のエッセイのいくつかのプリントアウトを示し、例えばこんなものと説明した。それで安心した私は、それならこの三月にウェブサイトにアップする原稿をもう書いているので、それを送ります、ということで話がまとまった。リーフレットにはこの原稿が印刷された。

さて、あえなく没になった原稿のことである。上記のようにこれまでのエッセイからの寄せ集めではあるが、それはそれとして一つの話になるように書いたので、今回はこれをアップすることにした。

【理学とは、大学とは、研究とは】

「理学」とは一体何ですか、とあらたまって問われると、答えに窮してしまう。そもそも理学の「理」とは、どういう意味なのだろう。手持ちの辞典やインターネットのフリー百科辞典である「Wikipedia」などを利用して調べてみると、「理」とは、「王」と「里」を組み合わせた漢字であり、王は「玉」のことで、里は読み方「り」を表しているのだという。もともとの意味は、「掘り出した石(あらたま、原石のこと)を磨いて、美しい模様や筋を出すこと」なのだそうだ。すなわち、そもそもは動詞なのである。これから「整える」、「治める」、「分ける」、「筋目をつける」といった意味が派生していった。

とすれば、理髪店や理髪師なる言葉の意味がよくわかりますね。すなわち、モジャモジャの髪をきれいに整えて、筋目を入れるのが理髪であると。

いろいろ調べていくうち、中国では古くから、今で言う哲学の重要な概念を表すものとして、「理」が盛んに論じられていたことがわかった。紀元前五世紀ごろの「墨子(ぼくし)」によれば、「理」を道徳的規範の意味で使っていたという。一二世紀、「理気説」を完成させた南宋の儒学者朱熹(朱子ともいう)は、「理」を物事の法則性を表すものとして用いた。理気説では、宇宙や物質は理と気からできており、理とは本性や本質を、気とは物質やエネルギーのことを意味したのだそうだ。そして、人間は気(欲望)を捨てて、理(心の本性)にしたがって生きるべきだとする(性即理)。そのため朱熹は、学問や知識の重要性を説いたという。

理という言葉、なかなか奥が深い。時代とともにいろいろな意味が付与されて使われてきたらしい。いずれにしても、抽象的であるが、「理学とは、この自然を構成する物質や、それらが織りなすさまざまな現象を対象として、本質的でないものを磨いて落とし、分類や整理をして、その本質や本性に筋道を立てて迫る学問」と言えそうである。

ところで、高校までは理学の分野は「理科」と呼ばれている。そして「数学」とは別の科目として扱われる。一方、大学では、数学は理学部の中にあるのが普通である。理学の中にどうして数学が入っているのだろうか。

それは、数学と理学が互いに影響を与えつつ一緒に発展してきたこと、そして理学を表現する言葉が数学であるからである。たとえば、微分や積分は、物理学が発展する中から同時に発展してきた。

そうそう、一九世紀に確立した流体の運動を記述するナビエ・ストークスの式は、この式の表わす現象の豊富さと式の難しさから、現在でも数学者の格好の研究対象となっている。すなわち、物理や化学、天文学や地球惑星科学、そして生物学などとともに、数学は理学の一員として手に手を携えて発展する学問分野なのである。

さて、この理学を実践しているのが大学であるが、大学とは一体どんなところだろう。私は、「知を継承し、知を創出する拠点」と表現したい。知の継承のためには、広い分野の基礎知識と、専門分野の深い知識、双方を身につけることが重要である。しかし、人類が長年築き上げてきた知の体系の修得は、大学での数年間では到底終えることができない。

そのため、大学では、受動的な学習態度から、自らが積極的に知を求める能動的な学習態度へと転換し、知を学びつつ「知を学ぶ技法」を修得することが重要なのである。

では、知を創出することとは一体何だろう。それは、現在の知の到達点を見定め、その先にさらに一歩踏み出すことである。これが、研究なのである。よい研究を行なうためには、自らが課題を設定する力と、奥深く探求する力を身につけることが必要となる。

これら知の継承と創出に向けた努力の結果として、大学からは、社会を牽引して次代を担う人たちや、研究者として活躍する人たちが巣立つ。「知を継承し、知を創出する拠点」である大学は、学生と教職員とが一体となって築きあげるものである。

そして、世界の誰もがまだ解いていない課題に答えを出す研究には、苦しさがつきものである。研究における苦しさとは「失敗」のことだろうか。私の過去を振り返れば、日々失敗の連続といっても言い過ぎではない。大きな失敗もしている。何千万円もの装置を船に搭載したが、一年ものあいだデータをまったく取れなかったのはその最たるもの。仮説を立て、こうであるに違いないと懸命に解析した結果が、まったく無駄だったことも茶飯事だった。

しかし、失敗はひとときの苦しいが、本当の苦しさではなかった。なぜなら、失敗して、それではだめですよ、とわかったからだ。苦しさとは、課題の解決に向かっているのかどうかを判断できず、うじうじ、ぐずぐずしているときであった。

一方、研究の楽しさ、これはもう沢山ある。仮説を立てたとき、それが正しいと証明できたとき、研究がまとまり学会で発表したとき、そして論文が印刷されたとき、その論文が他の研究者に引用されたとき、みんなみんなそうであった。

私は、三〇年以上、自然を相手に研究してきた。確かに失敗したことも苦しかったことも、たくさんあった。しかし、一方では、ワクワクしたりドキドキしたり、楽しいことも嬉しいことも、たくさんあった。しみじみ、私は、研究を続けることができて良かったと思っている。

（二〇一一年三月一五日）

【追記】

三月一一日(金)午後二時四六分、マグニチュード九・〇という巨大な地震「東北地方太平洋沖地震」が発生した。それ以降の出来事は皆さんご存知の通りである。「三月一五日」付けでこのような文章を掲載するのも大いに気になるのだが、この文章はそれ以前に準備したもので、この巨大地震のことを書くのもまだ心の整理がつかない現在、このまま掲載することとした。

（二〇一一年三月二三日）

30　植松三十里さんの新田次郎賞受賞と旦那さん

時代小説と言えば、植松三十里さんである。最近、多くの作品が相次いで文庫で出版された。昨年度、新田次郎文学賞を受賞したことが効いているのだろう、本屋さんでもすぐ見つかるような場所に並べられるようになった。私の目にも、今までにも増して、三十里さんの本がすぐ飛び込んでくるようになった。

今年になって読んだ三十里さんの作品を書いておこう。読んだ順序で挙げれば次のようになる。

「お江　流浪の姫」（集英社文庫、二〇一〇年、文庫書き下ろし）。「燃えたぎる石」（角川文庫、二〇一一年）。「命の版木」（中公文庫、二〇一一年）。「群青」（文春文庫、二〇一〇年）。「黒船の影」（PHP文庫、二〇〇九年）。「半鐘　江戸町奉行所吟味控」（双葉文庫、二〇一一年、文庫書き下ろし）。「おんなの城」（PHP文芸文庫、二〇一一年）。

私は、作家が気に入ってしまうと続けざまに、手あたり次第手に取ってしまう癖がある。そんな訳で三十里さんの作品を半年の間に集中して読んだ。

三十里さんは多様な題材を扱っているが、いずれも主人公に対する書き手の温かい視線が色濃く出ている。そして読後が清々しく、安心して読める。

この中で、双葉文庫書き下ろしの「江戸町奉行所吟味控」は、シリーズ化できそうである。あるいは、当初よりそのような意図なのかもしれない。今後がとても楽しみである。三十里さんにもこのシリーズ、ご自身が大いに楽しみながら執筆していただけたらと思う。

ところで、前回三十里さんをこの欄で取り上げたとき（「『科学』の巻頭に歴史小説」、二〇一〇年一〇月一五日）、追伸として旦那さんからメールをもらったこと、そしてそれをそのうち紹介しようと書いた。今回、約束通り、そのメールを紹介する。昨年一〇月一一日のメールである。もちろん、旦那さんと三十里さんの了解は取っている。

「結婚三〇周年の記念ということで、家族と娘夫婦の五人で、サンフランシスコで大型キャンピングカーをレンタルし、自給できるはずの水がポンプの故障で出なかったり、昇降用のステップが格納されなかったりで、大混乱でしたが、ヨセミテ公園など四泊して無事、素晴らしい想い出深い旅を終え、帰国の途につき、機内でメールを書いています。

我家のボスと私の話題、ありがとうございます。ちょっと恥ずかしい気もしますが、ボスはそのままで良いのではというコメントでした。念のため、血まみれで帰宅した訳ではなく、井の頭線の永福町駅の階段で鼻血が出てしゃがんでいると、若い女性が、公衆便所からトイレットペーパーを一巻きもって来てくれて、ちぎっては次々渡し続けてくれ、すっきりした顔になり、救急車が呼ばれる直前、終電一本前の電車で帰宅しました。

後日談として、新田次郎賞の受賞式では、我家のご近所に住む藤原正彦ご夫婦と歓談。ボスは、編集者の連中と二次会。私は、一足先に中央線で自宅のある吉祥寺駅に。寝過ごしそうになって慌てて下車。副賞の「温度・湿度・気圧計」と花束の山はもって降りたのですが、賞状の入った筒が、ころんと転がり落ち、電車はそのままドアを閉めて発車。これは一大事と次の終電で追いかけ、駅の落とし物係でゲット。もちろん、戻る終電車は出た後で、タクシーで帰宅。翌日は何事もなかったように。ヤレヤレでした。

亭主、釣った魚に餌をやり続け、ひとり、我慢すれば、すべてうまくいくという話です。

植松 from 多分、成田空港から

P.S. 九月下旬に、静岡新聞の連載小説『美貌の功罪』が文藝春秋社から『辛夷開花』という単行本で出ました。これもどうかよろしく。」

そう、「辛夷開花」（こぶしかいか）も文庫になったら、読みましょう。こんなことを書くと、旦那さんから「単行本を、単行本を買いなさい」と怒られそうだ。でも、今年に入ってから七冊も読んでいる。旦那さん、売り上げにそこそこ貢献してますので、ヒラに、ヒラにお許しを。

（二〇一一年八月一五日）

31　理学部物語に掲載されたエッセイ

大学ではどの学部もそうだろうが、私たち理学部でも高校生向けに研究や教育内容を紹介するリーフレットを作成している。「理学部物語」と名付けられたこのリーフレットが初めて作成されたのは一九九七年のことである。以来、数年おきに改訂されてきたが、もっと読者に親しみやすいものにしようということで、教育研究支援部の広報室が中心となって昨年来、リニューアルを行なってきた。

新しい「理学部物語」は、七月末に行なわれるオープンキャンパスに間に合わせるべく作業が進められ、無事七月上旬に納品された。これまでのリーフレットはA４判縦長型であったが、新しいものは小さなサイズの横長型になった。これまでのように組織や歴史、研究や教育内容を伝えるのではなく、現在理学部で研究している人、学んでいる人、という「人」に焦点を当てたものとなっている。

さて、新しい「理学部物語」には、新たに「コラム」が設けられ、その原稿のお鉢が私に回ってきた。悪戦苦闘の末に最初に編集委員会に届けたのが、先にこの欄で紹介した「理学とは、大学とは、研究とは」と題するものであった（「あえなく没になった原稿」、二〇一一年三月一五日）。

さて、最近コラムを読んだ数学専攻のY先生と地球物理学専攻のS先生から、相次いで「エッセイのこと、全くそうですね」とか、「あれは面白かったですよ」と言われた。配布されて以来、コラムの評判が気になっていたのだが、少し気分を良くしたので、今回、実際に掲載された原稿を紹介しようと考えた。幸い、広報室にこの欄への転載をお願いしたところ快諾していただけた。同時に、広報室からは、高校生からも面白いとの感想があったことも知らされた。

【「Ｓａｋａｎａ－Ｋｕｎ」ではだめなのか？　論文の著者名について】

昨年末以来、宮沢正之さんが時の人である。この間、何度もメディアで騒がれた。えー、宮沢正之さんなんて知らないですって。では、「さかなクン」と呼んだらどうだろう。

そう、宮沢正之さんは、七〇年ぶりにクニマスの再発見に貢献したタレントのさかなクン、その人である。それまでマスコミには、本名や生年月日などの個人情報を一切教えていなかったそうだが、あることを機会にばれてしまった。

私自身はさかなクンをよく知らなかった。魚の恰好をした帽子をかぶり、白衣を着て、いつもおどけているような、言葉使いもなんとなく「ギョ(魚)!」、そして全体的にせわしない人という印象をもっているにすぎなかった。しかし、イラストレーターだけあって、素晴らしい観察眼をもっていたのである。

クニマスのイラストを描いてほしいという依頼に、可能限り正確に描こうとしたさかなクンは、多くの漁協に(参考のため)ヒメマスのサンプルを送ってほしいとお願いした。そのお願いに西湖(さいこ)の漁師の一人が応えた。さかなクンに送られたサンプルの中に、クニマスが紛れ込んでいたのである。サンプルを見たさかなクンは、色黒い魚を見て、通常のヒメマスではないと見破り、専門家である京都大学の中坊徹次教授に鑑定を依頼したのである。これがクニマス再発見のきっかけであった。

ところで、本名がばれたできごととは、サンプルを鑑定した中坊先生が、確かにクニマスであると判断した根拠を記した論文を、日本魚類学会誌電子版に公表したことである。この論文に、さかなクンも著者の一人として、本名で名前を連ねたのだ。

さかなクンが論文の著者の一人として名前を連ねるのは当然でしょうね。さかなクンがヒメマスではなさそうだと判断して中坊先生にサンプルを送らなければ、この再発見はなかったのである。すなわち、さかなクンは、クニマス再発見に本質的な役割を担ったのであった。

論文公表を報道した二〇一一年二月二二日の新聞各紙のほとんどの記事は、「さかなクンも本名で名前を連ねた」とだけ書いていた。ところが一紙、全国紙のS新聞だけは、「(略)『さかなクン』も『宮沢正之』の本名で名を連ねた」と書いた。ほとんどの新聞は、本名は伏せておきたいというさかなクンの希望を尊重した措置であったのだろう。もっとも、S新聞が書かなくとも、興味があれば、日本魚類学会英文誌へ掲載された論文を見ればわかることなので、S新聞がどうのこうのという話ではないのだが。

さて、ここで論文の著者名の話である。どの学術誌でも、著者名は本名でなければいけない、などというルールは一切ない(はずである)。まったく勝手につけた名前や、極端には記号、「凸凹○×」でも構わないはずである。

これで有名なのが、統計学者のW・S・ゴセット(W. S. Gosset, 1876-1937)が、「Ｓｔｕｄｅｎｔ」なるペンネームで論文を書いていたことである。資料解析をしている人は誰もが使ったことがあろう「Ｓｔｕｄｅｎｔのｔテスト」のＳｔｕｄｅｎｔである。Ｓｔｕｄｅｎｔとは、そう「学生」ですね。学生という名の著者が論文を書いていたのです。さかなクンはどうして本名で論文に名を連ねたのだろう。私は、「さかなクン」(英文論文であるので、「Ｓａｋａｎａ－Ｋｕｎ」であろうか?・)でも良かったのに、と思うのだが。中坊先生がこうしたのですかね。あるいは雑誌の編集担当者が、こんなふざけた名前ではいかがなものか、などとクレームをつけたのですかね。

最近、論文のデータベース化が進み、また、どの論文がどの論文に引用されたかを調べる会社や、公的な機関も多くなった。そのようなときに困るのが同姓同名の研究者がいる人である。日本には多くの姓があるものの、それでもポピュラーな姓のときは、同姓同名の人が多くなる。そうすると他人がデータベースを使ってその人を特定することは、困難になる。名前の方を頭文字だけで指定して検索するようなときは、輪をかけてそうなる。実際、Ｓｃｏｐｕｓというデータベースに、私の名前「Ｋ・Ｈａｎａｗａ」を入れて検索すると、優に一〇人は出てくる。花輪や塙は決してありふれた姓ではないと思うのだが、このありさまです。

そんなことを心配してだろうか、日本人でもミドルネームを付けて著者名にする研究者が多くなってきた。私自身は、すでにここまで来てしまったので、いまさらどうのこうのではないが、若い方にはこのミドルネームの使用を薦めたい。もちろん、個人をより容易に特定するための手段として。

さて、話を戻して、さかなクンの話をもう一つ。研究室のS君から聞いた話である。クニマスの再発見以来、さかなクンは何度もメディアに登場しているが、ＮＨＫに視聴者から投書があったらしい。「さかなクン」は、それが芸名であるので、報道するときは「『さかなクン』さん」とすべきではないかと。

この指摘、然りなのだが、どうですかねー、どうも落ち着きません。どうも落ち着かないので、この原稿でも「さかなクン」と呼び捨て（？）にしたのであります。


（二〇一一年九月一五日）

32　科研費を育てよう

毎年一〇月は研究者にとって頭を悩ませる月である。文部科学省と日本学術振興会による「科学研究費補助金」（通称「科研費」）事業に対して、申請書を作成する時期にあたるからである。すべての研究者が、研究費獲得に向かってよりよい申請書作りに最大限の努力を傾けることになる。

本学でも科研費獲得を助けようという趣旨で、研究協力課が主催する科研費説明会を毎年開催している。今年私は、日本学術振興会学術システム研究センターの専門研究員をしている関係で、科研費制度を説明する講師を依頼された。これまでのアンケートでは、制度説明の部分は必要ないのではなどと、だいぶ評判が悪いようだ。そこで私は、制度そのものの説明は短い時間で終え、科研費に関する議論などを紹介し、最後にこの科研費を育てようとの呼びかけを行なった。

言うまでもなく科研費は、政策誘導型の研究

（mission-oriented research）とは異なり、研究者の自由な発想に基づく研究（curiosity-driven research）を支えている。研究者による審査（ピア・レビュー）で、課題が意義のあるものと認められれば、誰でも研究費を獲得できる。科研費の使い勝手も毎年のように改善されている。例えば今年度からは、三つの種目で基金化され、年度を越えての経費執行が可能となった。採択率は二〇〜三〇％の競争的資金ではあるが、科研費はアカデミックフリーダム（自由な研究）を保証する大事な制度である。実際、二年前（二〇〇九年度）の国立大学法人理学部長会議では、大学予算が長期にわたり縮減される中、過度な政策誘導型競争的資金を抑制し、運営費交付金と科研費の充実を要望した。

さて、科研費を育てるとは次のようなことである。まずは一人でも多くの研究者が一件でも多く申請すること。採択されたらしっかりと研究を行なって成果を出し、その成果を論文はもちろん、社会にも可能な限り公表・還元すること。審査員を依頼されたら、断るなどはもってのほか、厳正にこれはと思う課題を選ぶこと。研究者一人ひとりがこのようなことに努力すれば、科研費制度は今以上に成長し、科学・学術研究環境がもっともっと良くなるはずなのである。

（二〇一一年一〇月一五日）

33 豪快な笑い、青田昌秋さんの訃報に接して

この一〇月二九日(月)、片平キャンパスのオフィスで朝刊を見ていたところ、死亡告知欄(この表現でいいのだろうか?)で、紋別市にある北海道立オホーツク流氷科学センター所長の青田昌秋さん(北海道大学名誉教授)が、二七日に亡くなられたことを知った。享年七四歳、食道がんだったという。すぐ手配すればお通夜と告別式に間に合うとのことで、弔電を手配した。

青田さん(と呼ばせてもらう)との出会いは、はっきりとは覚えていない。どのようなきっかけだったのだろう、一緒に何かのプロジェクトをしたことも、何かの委員会でご一緒したこともない。それでも随分前から、学会などでお会いすれば、いつもニコニコ顔の青田さんと話をしてきた。何といってもその豪快な笑いがとても印象的で、素晴らしかった。

さて、出会いのことであるが、振り返ると、恐らく次のようなことがきっかけではなかったろうか。

一九八四年、私は日本海洋学会沿岸海洋研究部会が発行する『沿岸海洋研究ノート』に、「沿岸境界流」という総説を書いた(二二巻一号、六七〜八二ページ)。沿岸境界流とは、北半球では岸を右手に見て流れる海流のことである。それまではそのような用語はなかったが、沿岸境界流なる概念で整理すれば、事の本質が見えて有益ではないかと主張したのである。日本近海では、対馬暖流、それに続く津軽暖流、宗谷暖流などがこれにあたる。

青田さんは、長年、紋別市にある北海道大学附属流氷研究施設に勤務され、一九八三年から二〇〇二年の定年退官までは施設長を務められた。そのような経歴なので、青田さんはオホーツク海の流氷に関する研究により「流氷研究の第一人者」と紹介されることが多い。しかし、宗谷暖流の研究も随分行なっているのである。実際、青田さんの博士論文は、そのものずばり「宗谷暖流の研究」である。この博士論文は、「低温科学、物理篇」に一九七五年に印刷されている。

先の総説が印刷された後、青田さんたちの宗谷暖流の論文に、それが引用されたことは知っていた。

ということで、おそらく、総説に関連して青田さんから話しかけられたのがきっかけでお付き合いが始まったのだと思う。

青田さんは、東京大学名誉教授の永田豊先生とご一緒に、一九八六年に北方圏国際シンポジウム、通称「オホーツク海シンポジウム」あるいは「紋別シンポジウム」を開催した。以後、このシンポジウムは現在まで続いている。当初、青田さんからは毎年のように参加のお誘いを受けたのだが、これまで一度も参加する機会がなかった。このシンポジウムは二月上旬に行なわれるのだが、いつも修士論文や博士論文の審査の時期と重なってしまうからである。とても残念なことであった。

さて、これはこの欄（二〇〇九年五月一五日）にも書いたことだが、青田さんは渡辺淳一さんの小説『流氷の果て』（最近の文庫本で紹介すると、集英社、二〇〇九年）の主人公、「紙谷誠吾」のモデルである。青田さんをモデルに紙谷誠吾を書いたことは、渡辺さんのエッセイ集『北国通信』（集英社、一九八七年）の中の「紋別まで」（一一七〜一二一ページ）に書いてある。

先のエッセイにも書いたのだが、青田さんは知る人ぞ知る名エッセイストであり、日本エッセイスト・クラブが毎年選考しているベストエッセイ集に二度も選ばれている。その一編を私が読み、感想を青田さんに書いたところ、青田さんからは実はもう一編あるといって、返事と本とが送られてきた。

このことがきっかけで、私が書いているエッセイを青田さんにも送ることとなった。送るたびに礼状などを貰っていたのであるが、あるとき、オホーツク流氷科学センターの友の会である『流氷倶楽部』が毎年二回発行している「流氷倶楽部通信」に、私のエッセイを掲載したいとの申し出があった。この申し出はもちろん快諾した。掲載されるエッセイは、青田さんが選んでくれるという。

私のエッセイの欄は、「海洋学者のつぶやき」と題された。最初のものは、「プロとして…」（二四号、二〇〇六年二月）であった。以下、「ジグソーパズルと『ｍｙ―ｏｃｅａｎ』」（二五号、二〇〇六年一一月）、「『悪法も法なり』だが…」（二六号、二〇〇七年二月）、「待機電力の節約効果」（二七号、二〇〇七年一一月）と続き、最後が「海洋学における業界用語」（二八号、二〇〇八年二月）であった。三年間で計五編が掲載されたことになる。

　青田さんが食道がんに侵されていたことはまったく存じ上げなかった。毎年、年賀状の交換をしていたのだが、最近はお会いする機会もなくなっていた。青田さんを集中講義にお招きしたことなど、まだまだ書き足りないのだが、この辺りで筆を置くことにしよう。青田さん、どうぞ安らかにお眠りください、合掌。


（二〇一二年一一月一〇日）

34　切り抜き始めた仲畑流万能川柳

自宅で購読している新聞一紙と、大学で購読している四紙を加えた計五紙に、毎日目を通している。もちろん、丁寧に読む時間はまったくないので、見出しを追う程度であるが、それでも気になる記事を見つけては切り抜いている。悩みの種は、毎日相当数切り抜いているので、すぐファイルが一杯になってしまうことだ。

　切り抜く記事は、大きく三つのカテゴリに分類できる。一つ目は大学や教育行政に関係する記事。このカテゴリの記事、このところやたらに多い。毎日のように「教育再生」や「大学改革」などの文字が見出しに踊る。二つ目はサイエンス関連の記事。海洋のことや気候変動などの専門分野にとどまらず、読んで面白い記事はすべて切り抜いている。そして三つ目は書評、音楽や映画の評論、あるいは人物紹介やエッセイ、いうならば文化一般に関する記事である。

　三つ目のカテゴリの記事の一つとして、この四月から自宅で購読している毎日新聞の「仲畑流万能川柳」を切り抜くようになった。これまでもこの欄、毎日欠かさず読んでいたのだが、切り抜くことはしていなかった。不意に切り抜いてとっておこうかと思い立ったもので、これといった特別の理由ができたわけではない。

毎日、秀作ぞろいの川柳一八句がこの欄に掲載される。いずれもクスッとしてしまうのだが、ときに何を言っているのか、皆目見当もつかない句も混じる。これは私がその辺の知識がないからか、あるいは世間や世相を知らないからだと思う。選者の仲畑さんは博識で、世の中の事情通なのだろう。

さてこれまで、もちろん私個人の観点であるが、記憶に残った三作品を掲載順に紹介したい。以下、カッコ内は作者の住んでいる地名と柳名、そして掲載された年月日である。

「原因が　分からん時は　『温暖化』」

（相生・樽坊・2009・10・25）

ＩＰＣＣ（気候変動に関する政府間パネル）の第四次評価報告書の執筆に加わったせいか、二〇〇七年二月の公表後、地球温暖化に関する講演を頼まれることが多かった。直後の数年間は、少なくとも年に一〇回ほどは講演したのではなかろうか。

さて、二〇〇九年一〇月にこの句を知って以来、講演では必ずこの句を紹介することとした。「異常気象」などが起こると、すぐ温暖化のせいにしてしまいがちな世の中を皮肉ったものである。私自身、この句を知るまでは、このような風潮を「苦しい時の（神頼みならぬ）温暖化頼み」と表現していた。意味は同じなのだが、この句の方がはるかにインパクトある表現である。脱帽。

例えば集中豪雨。この現象は数時間からせいぜい数日と、継続時間がとても短い出来事（イベント）である。したがって、数十年以上かそれ以上の時間スケールをもつ温暖化との直接の因果関係はとても指摘できない。温暖化は、集中豪雨などの極端な現象の発生確率を高めていることは間違いないのだが、一つひとつのイベントの原因であると関係づけることはできない。

人間、何かが起こったとき、その原因や理由を知りたくなる。こじつけであれ、何らかの理屈を付けることができれば、我々はそれだけで安心してしまう。何が原因かわからないイベントであっても、「これは温暖化のせいである」ということにして安心したいのである。わからないことはわからない、としておくことも重要なのですがね。

「肝心の　仕事ができないほど　会議」
（香取・一級河川・2012・4・10）

この句、読んだ途端、思わず笑ってしまった。皆さんはいかが？　この句には、これ以上はノーコメントとしよう。

「平年並み　わかったようで　わからない」
（相模原・水野タケシ・2013・4・28）

この「平年並み」は、テレビやラジオなどで、「明日の最高気温は二〇℃と、平年並みの暖かさでしょう」などと使われる。

この句にも唸ってしまった。確かに「平年並み」や「平年値」、それから「値」を取った「平年」なる表現は、わかったようでわかりにくい。平年とは「いつものような年」なのだろうか、そうならば「いつものような年」とは、どんな年なのだろう。

当然のことであるが、平年値にはきちんとした定義がある。現在使われている平年値は、「一九八一年から二〇一〇年までの三〇年間の平均値」である。例えば、〇月×日の最高（低）気温の平年値とは、三〇年間の〇月×日の最高（低）気温の平均値、ということになる。また、この平年値は一〇年ごとに更新されることになっている。現在の平年値は二〇一一年に更新されたもので、次の更新は二〇二一年であり、平均する期間も一〇年ずれて一九九一年から二〇二〇年となる。この定義は、世界気象機関（WMO）によるもので、日本はもちろん、世界各国で使われている。

ところで、地球は現在温暖化が進行している。もっとも、気候の数十年変動が重なっているし、年々変動も大きいので、毎年右肩上がりではない。そのような中、気温は世界平均でこの一〇〇年間に〇・六八℃も上昇したと見積もられている。ちなみに、二〇一二年の世界平均気温は、観測史上第八位の高温であったと報告された(気象庁、二〇一三年二月四日発表)。

温暖化が進行中の平年値であるので、感覚とずれることがある。すなわち、「平年並み」の寒さや暑さは、ここ一〇年程度の値よりもかなり低い値なのである。今年の冬は平年並みであるとすれば、ここしばらくの間経験した冬よりも、かなり寒い冬になるということになる。

さてさて、次にどんな傑作川柳と出会えるのだろうか、毎朝の楽しみである。

(二〇一三年五月一〇日)

35　再び故青田昌秋先生のこと

昨年(二〇一二年)一〇月二七日に亡くなられた北海道大学名誉教授の青田昌秋先生(1938-2012)のことについて、もう一度書きたい。つい最近知ったことだが、東京海洋大学前学長の松山優治さんら、生前の青田さんを知る友人たちが本を出版するのだという。私にも、次に述べるような事情で原稿の依頼が来た。最初に、この本のために書いた原稿を紹介したい。なお、ごく一部であるが表現を変えたところがある。

【はじめに：この原稿を執筆するきっかけ】

一〇月三一日(木)の朝、一コマ目の海洋物理学の講義をするため、青葉山キャンパスにある研究室に行ったところ、紋別のUさん差し出しの三〇日付のＦＡＸが机の上に置かれていた。用件はメールを送ったので見て欲しいとのことである。しかし、メールは届いていなかった。そこで、現在使っているメール・アドレスを書いてFAXで返信した。翌一一月一日になり、本を作るので原稿を執筆してほしいとのメールが届いた。メールには次のように書かれていた。

「青田先生のことで、ネットをいろいろ検索していたら、先生の『お二人の訃報に接して』を見つけました。青田先生が『花輪君』とお呼びしていた記憶があり、親交が深かったと察しました」。そこで、原稿の執筆を依頼したとのことだった。

青田さんの大声の豪快な笑いとその素敵な笑顔、今でも鮮明に思い出す。そのようなことで、Uさんの依頼に、二つ返事でお引き受けすることにした。

【ちょうど一週間前：青田さんの名エッセイとの出会い】

原稿の執筆依頼のあった週の一〇月二七日(日)のことである。毎日曜日は本屋さんに行くことが習慣となっているのだが、日本エッセイスト・クラブ編『散歩とカツ丼　'10年版ベスト・エッセイ集』(文春文庫)を見つけた。二〇一〇年に発表されたエッセイの中で、優れたものを集めたものである。単行本は二〇一一年に出版されている。私はこのエッセイ集を読むのが毎年の楽しみであり、すぐさま手に取ったことはいうまでもない。

文庫を紐解いてびっくりした。青田さんのエッセイ「オホーツク流氷祈願祭」があるではないか。日本雪氷学会北海道支部の五〇周年機関誌に掲載された作品である。青田さんは名エッセイストであり、これでベスト・エッセイ集に三回選考されたことになる。

このエッセイ、要約すれば次のようなものである。

青田さんが流氷研究を紋別で始めた当時、流氷は漁にとって邪魔な存在で、流氷早期退散祈願祭が行なわれていた。ところが、青田さんらの研究が理解されてきたこともあり、流氷は恵みをもたらす存在と認識され、今では、祭りは、流氷早期到来祈願祭に変わった。

この青田さんのエッセイとの出会いから、一週間もたたないうちにUさんから原稿執筆の依頼を受けるとは、偶然なのだろうが、何かの力が働いているとしか思えない。

【「流氷倶楽部通信」へのエッセイ掲載と青田さん】

青田さんの足元にも及ばない筆力なのだが、私も文章を書くのが好きで、若い学生諸君向けの文章などを書いてきた。そして年に二回、半年分をまとめて先輩の先生方に送付していた。青田さんもその中の一人である。あるとき、青田さんから私のエッセイを「流氷倶楽部通信」に掲載させてほしいとの依頼があった。掲載するエッセイは、青田さんが選んでくれるという。もちろん、すぐさま快諾した。「海洋科学者のつぶやき」と題するコラムに五回、私のエッセイが掲載された。今では、紙面を汚していたのではないかと、心配している。

【とても残念なこと：オホーツク海シンポジウムへの不参加】

青田さんは、東京大学の永田豊先生とともに、一九八八年、北方圏国際シンポジウム、通称「オホーツク海シンポジウム」を開催した。以後、このシンポジウムは現在まで続いている。当初より、青田さんからは毎年のように参加のお誘いを受けていた。しかしながら、これまで一度も参加する機会がなかった。理由は、このシンポジウムは二月上旬に行なわれるのだが、いつも修士論文や博士論文の審査の時期と重なってしまうからである。とても残念なことであった。一度でも参加し、青田さんから流氷にまつわる様々な蘊蓄をお聞きしたかった。

なお、青田さんと二人三脚でこのシンポジウムを牽引してこられた永田豊先生も、今年八月二八日、突然逝去された。私は永田先生にも大変お世話になってきた。親しくお付き合いしてくださったお二人の先生を相次いで失い、呆然としている。

【青田さんの集中講義：流氷が奏でるシンフォニー】

私たちの研究室では、毎年のように他大学や他機関から講師の先生をお呼びし、集中講義をしてもらっている。青田さんにも、もちろん来て頂いた。集中講義は、オホーツク海や海氷についての研究を中心に、一九九六年一二月三・四日の二日間にわたって行なわれた。私自身は、初日は出張と重なり、二日目は地球物理学専攻長を務めていた関係で仕事が立て込み、講義そのものは、残念ながら出席することができなかった。

青田さんからは、この集中講義の目玉は「流氷が奏でるシンフォニー」であるとお聞きした。紋別沖の流氷が、波や流れで動いて擦れて出る音を記録したものだそうだ。この流氷が奏でる音はとても素晴らしく、まるでシンフォニーのようであるという。講義の中で学生に聞かせたという。

後に知ったことだが、この音源、環境省の「日本の音風景百選」に選ばれたのだそうだ。それを青田さんが紹介した北海道新聞の記事「流氷の交響曲」（一九九七年八月五日）が、一九九七年版のベスト・エッセイ集に選ばれている。二〇〇二年のことであるが、青田さんからこのエッセイが掲載された文庫を、手紙とともに頂いている。その当時、私はこのシンフォニーを聞くことができなかったが、青田さんが所長を務められた北海道立オホーツク流氷科学センターで聞くことができるという。いつか聞けることを楽しみにしている。

【おわりに】

私は「折に触れて」と題して毎月拙い文章をウェブサイトに掲載している。この中でこれまで青田さんのことを二回取り上げた。

最初は二〇〇九年五月、「渡辺淳一著『流氷への旅』」の中で、「A先生」として登場してもらった。この小説の主人公「紙谷誠吾」は、青田さんがモデルとの話である。次は昨年一一月、「豪快な笑い、青田昌秋さん」として追悼文を書かせて頂いた。

これらの文章は私のウェブサイトで読むことができる。興味を持たれた方はご覧になって頂ければ幸いである。

以上がUさんの依頼に対して準備した原稿であるが、この文章を準備しているなかで、文中にも書いた文春文庫の一九九七年版ベスト・エッセイ集を探した。重なり合った本の後ろに隠れていたので、少し苦労したのだが無事見つけることができた。贈られた文庫（日本エッセイスト・クラブ編「司馬さんの大阪弁　'97年版ベスト・エッセイ集」、文春文庫、二〇〇〇年）には、「花輪公雄先生　乞う　ご笑読　青田昌秋」との署名があった。

この文庫とともに、青田さんからの便せん四枚にわたる手紙が送られていた。次にこの手紙を紹介したい。なお、以下、原文のまま再録であるが、一部句読点を補ったところがある。

残暑お見舞い申し上げます。お察しのように当地、すでに秋、先ほど外に出たら肌寒い風が吹いていました。超ご多忙の花輪さんからの心豊かなお手紙、ありがたく拝受。ありがとうございました。「折に触れて」、その他に書かれた一頁ジャストで決められたエッセイ風の文章、楽しみながらも、本質をつかれた内容に感じ入りました。

流氷遊び人の小生の雑文が載った「象が歩いた」、お買い上げいただき文藝春秋社に成り代わり、お礼申し上げます。A先生とは、もと気象庁（函館海洋気象台、本庁）のAMさん（手紙では実名）です。新聞に出た翌朝、早速電話あり。青田さん「書いたなー！」と。大笑いでした。

私、三月一杯でついに退職、六月から当地にある道立オホーツク流氷科学センター（流氷の博物館みたいなもの）の非常勤の雇われマダム（?･）的所長という名前をいただいています。何かのイベントの時など、月に一度程出勤すればノルマは果たしたことになるのですが、毎日出勤して職員にあきれられています。

官舎も八月まで借りましたが、ついに引っ越しました。海はすぐ近くです。雑魚寝なら十人以上大丈夫です。我が和室には、雪見障子ならぬ流氷見障子もあります。教室の学生さんたちの冬の学校、流氷見物旅行の宿舎にしていただければ幸いです。海洋科学技術センターのTT君（原文は実名）の言、民宿でもやったらどう……。紋別シンポジウム続行、今後小生が事務局となるとのこと、是非遊びがてらに、学生さんの添乗員先生としておいで下さい！

先生のご配慮で数年前、貴大学で「集中おしゃべり」をさせていただいた時、学生さん達に「コンピュータにしがみついて、勉強ばかりしていると変になる！　そんなときに流氷の音でも聞いてくださいい」と、テープで流しました。そのときの音の話を北海道新聞に書いたら「象…」と同じシリーズに載りました。文庫本になったもの、一冊同封します。ご笑納ください。これでまた流氷遊び人の度合いの深さがバレますが。

大学法人化…で大変ですね。大きな河の流れ、よ

ゆうある心で対処しなければ、お身体によくありません。くれぐれもご自愛の上で。　草々

平成十四年九月十五日　青田　昌秋

「流氷遊び人」である青田先生の人生、とても豊かで充実していたように思える。あらためて、合掌。

（二〇一三年一一月一〇日）

36　クリスタルガラスの楯

昨年一二月末に、日本海洋学会の和文機関誌「海の研究」の二〇一三年一一月号（二二巻六号）が一〇部送付されてきた。私は二〇一一・一二年度に学会長であったが、学会長時代に設置した中堅および若手研究者が参加したワーキンググループによる海洋学振興のための将来計画が印刷された号である。この雑誌を受け取り、会長としての仕事がようやく終わったことを実感した。

私は、二〇一〇年秋の選挙で学会長に選出された。学会の創立は一九四一年で、初代岡田武松会長（第四代中央気象台長、東北帝国大学教授も兼任した）から数えて一五代目の会長となる。会長職は二年任期で、形式的には四月から始まる。しかし、最近の海洋学会は三月中に春季大会を開催することが多く、実際は三月上旬に開催される新旧合同幹事会の直後からその役を務めることになる。

ここ何代もの会長が二期四年間務めており、暗黙

に会員もそう思っている。もちろん、私の身に何事もなければ、私も二期四年間の任期を想定していた。しかし、二〇一二年四月、私は大学の執行部に加わることになったため、二期目はとても引き受けられないと考えるようになった。

　最大の理由は、学会と大学双方にとってもっとも重要な出来事が、時期的にちょうど重なってしまうことである。すなわち、春季大会と学位記授与式（卒業式）または入学式、秋季学会と秋の学位記授与式である。大学での私の重要な所掌事項の一つに、入学式と学位記授与式の実施がある。一方、学会にとってもっとも重要なイベントは大会の開催である。私の立場ではどちらも欠席するわけにはいかない。そのようなことで、学会長職は一期のみで退くことにした。

　さて、二〇一三年五月一七日のことである。Ｏｇさんをはじめとする二〇一一・一二年度の旧幹事会の人たちが、私の慰労会を開催してくださった。本来なら三月の春季大会期間中に行なう予定だったのだが、大学の用事でどうしても一泊二日の予定でしか参加できないため、この日になったのである。偶然この日は、幹事会の開催日ということもあり、新旧幹事会合同での慰労会となった。残念ながら副会長であったＴさんや、旧幹事のＮさんの参加は叶わなかったが、事務局を担当する毎日ビジネスフォーラムのＤさんやＨさんも加わり、二〇名を超える方々が参加して下さった。有難いことである。

　この席上、私の任期中の出来事を記したクリスタルガラスの楯を頂いた。これはＯｇさんの発案であり、私の前の会長Ｋｏさんにも贈っていた。この楯、とても気に入っており、自宅マンションに飾っている。

　さて、このクリスタルガラスの楯の一行目には、「功労を讃えて　二〇一一―二〇一二年度　日本海洋学会　会長　花輪　公雄　殿」とある。そして贈ってくれた「二〇一一―二〇一二年度　幹事会一同」が続く。学会のロゴマークも彫られている。そして、その下には、学会長在任期間中の主な出来事が記されている。

―就任期間中の学会の主な出来事―

２０１１年３月　東日本大震災を受け、２０１１

2011年4月　年度春季大会の中止を決定

2011年5月　震災対応ワーキンググループ（WG）を設置、会長声明発表

「JOSニュースレター」を創刊（年4回発行）

2011年9月　秋季大会（九州大学　筑紫キャンパス）

震災対応WGナイトセッション

2011年10月　公開シンポジウム「海から見た東日本大震災」（東京海洋大共催）

2011年11月～12月　NHKと共同で「福島第一原発20キロ圏内放射能汚染調査」実施

2012年3月　春季大会（筑波大学　第2エリア）、将来構想委員会に物理、化学、生物のサブWGを設置、学術会議「学術の大型研究計画マスタープラン」改訂への応募に向け作業を開始

2012年9月　秋季大会（東海大学　清水校舎）、「日本海洋学会創立70周年記念シンポジウム」開催、市民講演会「東日本大震災による海洋放射能汚染の現状と今後」開催（東海大共催）、ブレークスルー研究会設置

2013年3月　春季大会（東京海洋大　品川キャンパス）、将来構想委員会シンポジウム「海洋学の10年後を考える」開催、将来構想委員会「報告書」、「大型研究計画マスタープラン」とりまとめ

二〇一一年三月一一日の大地震を、会議出席のために、東京へ向っていた新幹線の中で経験した。その後仙台に帰れないまま、一四日に東京海洋大学品川キャンパスで開催された幹事会に出席した。そこで決めたのが、東京大学大気海洋研究所で開催予定であった春季大会の中止である。学会長就任後の最

初の大きな決断がこの大会中止であった。このようにして私の会長としての仕事は始まった。

その後は、栖に記されているようにいろいろなことがあった。JOSニュースレターの発刊、将来構想委員会の設置、学会創立七〇周年記念シンポジウムの開催と記念冊子の発行など。この間、副会長のTさん、Ogさんをはじめとする一三名の幹事の皆さん、そして事務を担ってくれた毎日ビジネスフォーラムのDさんやHさんと、多くの方が私を支えてくれた。無事任期を終えることができたのも、これらの方々の献身的な協力があったからであり、感謝の気持ちで一杯である。

そうそう、こんなこともありました。二〇一二年は私が還暦の年だった。その年の最初の幹事会は一月一五日(金)に、東京海洋大学品川キャンパスで開催された。一月の幹事会の後は、例年新年会を行なっている。幹事会後、品川駅近くの居酒屋に移動して新年会を行なった。

宴も中ごろ、Ogさんがおもむろに立って、私が還暦を迎えたことを述べ、赤いマフラーや私の名前の入ったお酒、赤いネクタイをプレゼントしてくれた。私にとってはまさにサプライズであった。幹事会メンバーや学会事務局の皆さんの心遣いが、とても嬉しく感じた。

振り返ってみれば、二〇〇三年度から四年間は英文誌編集委員長として、二〇〇七年度から四年間は副会長として、そして二〇一一年度から二年間は会長として幹事会に出席した。連続して一〇年間、私は幹事会の一員であったことになる。幹事会は一年に七回、よくも通ったものです。これからは一会員として学会に貢献できたらと思っている。

(二〇一四年二月一〇日)

37　才野敏郎さんの追悼集原稿

この（二〇一四年）四月、長くお付き合い頂いた才野敏郎さんが亡くなられた。六五歳だった。私の研究分野は海洋物理学、才野さんは海洋生化学分野で、専門を異にしているのだが、次第に才野さんの関心が海洋環境とプランクトンなどの海洋生態系の長期変化に移った。これにより私たちの研究ともオーバーラップし、研究の上でもお付き合いがあった。実際、才野さんと名前を連ねた論文が一編ある。

才野さんの訃報は、日本海洋学会のメーリングリスト（学会ML）に四月一八日に投稿されたメールで知ることとなった。その後、時事通信や毎日新聞に才野さんの訃報が報じられた。それらの記事から、「がん性腹膜炎」で亡くなられたことがわかった。

ところで、才野さんの専門は、時事通信の記事では「生物地球化学」、毎日新聞の記事では「海洋気候生物学」となっていた。才野さんの学問分野をどう表現するかは、確かに難しい。ご本人はどう表現していたのだろうか。私の感覚では毎日新聞の「海洋気候生物学」が、一番フィットするような気がする。

才野さんは四月一七日に亡くなられたのだが、七月に入り、才野さんの最後の職場であった海洋開発研究機構（JAMSTEC）の方々が、才野さんの追悼企画を配信した。メールの一部を引用する。

「このたびJAMSTEC有志で、才野さんのご功績をたたえ追悼論文・寄稿集をまとめる企画を立てています。同文集は、来年三月春季学会中に開催を計画中の『才野さんを偲ぶ会』にてご家族を含め出席者の方々等に配布する予定です。つきましては、才野さんとこれまでいろいろな形でお付き合いがあったと思われる学会員の皆様に、同文集に掲載するためのメッセージをお寄せ頂きたくMLを通じてご連絡させていただきました。」

「才野さんが目にされたなら、くすっと笑って下さるような、あるいは『けしからんっ』と言いそうな、楽しい思い出のエピソードなどを書いていただければ、より心のこもったものになるでしょう。分量的にはA４一枚程度に収まる程度でもっと短くても良いですし、お写真中心でもかまいません」。

このメールの最後には、「才野さん追悼企画発起人一同」としてJAMSTECのHoさん、Haさん、Cさんらのお名前があった。

　その後私も何かぜひ書いておきたいと思い、A4用紙一枚、約一二〇〇字余りの原稿を一気に作成し、Cさんに送った。私が記憶している範囲内で書いた「初の研究航海は才野さんの助手」と題する原稿であった。

　ところで、Cさんに原稿を送ったものの、具体的に最初の研究航海は何日から何日までだったのだろうと知りたくなり、送付した翌日に研究室へ行き、「東京大学海洋研究所三〇年史（1962-1992）」で調べてみた。その結果、才野さんとの出会いについて、私の記憶は何か間違っているのではないかと不安になってしまった。

　私の最初の研究航海は白鳳丸KH78―4次航海である。これははっきりしている。調べてみると、一九七八年九月一八日から一〇月七日までの二〇日間無寄港の航海である。主席研究員は東大海洋研の寺本俊彦先生で、海洋研所内から七名、所外から一五名の計二二名が乗船した。航海の研究テーマは、「黒潮隣接域の海洋構造・海底長期測流」、海域は「伊豆海嶺周辺・海溝東方海域（B点）」とある。

　続く二回目の研究航海は三年後の白鳳丸KH81―2次航海である。期間は四月八日から五月二日までの二五日間で、途中父島に四月二二日から二五日まで寄港した。主席研究員は同じく寺本先生で、海洋研所内から八名、所外から一三名の計二一名の乗船であった。航海のテーマは「伊豆海嶺が海洋循環におよぼす影響の研究」である。

　さて、記憶違いとは、研究航海のテーマである。私の頭の中にある才野さんの助手をした航海の研究テーマは、二回目に乗船した航海のテーマなのである。すでに送付した原稿もそのように書いた。これは私の記憶違いなのだろうかと、頭を抱えてしまった。

　もし、二回目の研究航海であれば題名から、すなわち、「初の」ではなく「二回目の」に修正しなければならない。自宅に乗船中の写真があるはずで、それを見れば確かめられるかもしれないと思いついた。その結果、KH78―4次研究航海の写真に、小さくてはっきりしないのであるが才野さんらしき人が写っているものがあった。一方、私が持っているK

H81―2次の写真にはいないのである。私自身は写真を熱心に撮る方でないので、両航海とも写真は本当に少ない。

研究航海ではクルーズレポートと呼ばれる研究航海報告書を出すのが通例である。これは船内版と呼ぶ航海中に作った速報と、数年後ある程度のデータ解析も行なった本格的な版の二つがある。調べてみると本格的なクルーズレポートは作成していないことがわかった。

残念ながら、私の速報版はとうに処分していた。そこで、海洋研で才野さんと同じ研究室の助手を務めた現東京海洋大学のKさん、KH78―4次研究航海の研究テーマを提案し乗船したIさん、才野さんのお弟子さんで私たちの研究室にも所属した現在名古屋大学にいるSさんにメールを出して、このあたりの情報を教えてもらうことにした。

しかし、どなたからも決定的な情報はなく、間接的な複数の情報から判断するより他なかった。結局、才野さんの追悼集に出す原稿は、最初のものを若干修正した下記のものをCさんに再送付した。この原稿、細部に至るまで正確なのか、正直若干の不安は残っている。

【初の研究航海は才野さんの助手】

サウジアラビアから帰国した翌日の二〇一四年四月一九日の朝、前日に配信された学会メーリングリストのメールの中に、才野敏郎さんの訃報を見つけた。才野さんは何年も前から病魔に冒されており、それでもJAMSTECや海洋学会のために献身的な貢献をされていた。しかし、昨年夏ごろから相当悪いようなことを耳にしていたのでこのような事態になることの覚悟はしていたのだが、ついにこの時が来てしまったとの思いであった。

私と才野さんとの出会いは、一九七八年の白鳳丸のKH78―4次航海のときである。航海の主席研究員は東京大学海洋研究所の寺本俊彦先生（海洋物理学部門）で、B点での係留系設置回収のための航海であった。加えて、当時寺本研の修士課程院生であった金子郁夫さん（故人、元気象庁、二〇一〇年ご逝去）の研究テーマであるフィリピン海盆の中・深層循環の解明のための観測も行なった。

中・深層循環解明のためには、水温や塩分の精密測定に加え、溶存酸素や栄養塩の分布が有効である。そこで金子さんは、当時服部明彦先生の研究室（海洋生化学部門）におられた才野さんに、栄養塩を分析して欲しいと依頼したのだそうだ。この航海で才野さんがもち込んだオートアナライザーによる栄養塩分析の手伝いをしたのが私であった。どのような事情から寺本先生が私を才野さんの助手に指名したのかはわからないが、初の研究船航海で才野さんと巡り合ったのである。

航海中、分析が無いときは才野さんの居室で、同じ東北大学から乗船した私の二学年下の倉沢由和君（石油公団を経て、現在INPEX）と一緒に、日本酒を何度もごちそうになった。先の外航時に入手した錫製の燗付け器（のようなもの）を自慢していたことや、生まれたばかりのお子さんのことを写真を見せて嬉しそうに話していたことなどを思い出す。

当時才野さんは、海洋での窒素循環を研究テーマにしていること、特に窒素を固定するラン藻であるトリコデスミウムに着目していることなどを説明してくれた。そんな訳で倉沢君とは、才野さんのことを「トリコちゃん」とひそかに呼んでいた。

さて、船から降りて最初の海洋学会である一九七九年春季大会は、海洋研の主催で、千代田区にある全共連ビルで開催された。倉沢君とともに日本酒の一升瓶二本を、大会のお世話をしている才野さんへ届けた。このことが後で何度も言われる羽目になる。「いやー、あれには参った。重い一升瓶二本をぶら下げて動く羽目になったのだから」と。この時持参した日本酒は、宮城県の一ノ蔵酒造の「一ノ蔵無鑑査」という酒で、以後、才野さんが大好きな銘柄の一つとなった。

以来、才野さんとは分野が異なるにもかかわらず、ずっと懇意にしていただいた。私たちのグループの学会発表会場によく聞きに来てくれた。私も才野研の博士論文の審査員になったり、名古屋大学での講演を依頼されたり。そうそう講演の後、名古屋のマンションでご馳走にもなった。毎年二回、私の拙いエッセイを長年送り続けもした。二〇〇七年四月からは、私の後任のJO編集委員長も引き受けてくださった。才野さんとの思い出は尽きない。合掌。

（二〇一四年九月一〇日）

38　才野敏郎さんの追悼集原稿、その後

先月のこの欄で、才野敏郎さん追悼集へ寄せた私の原稿について、細部まで確証がないまま世話人であるCさんへ送付したことを記した。その後、さらにいろいろな方へお聞きした結果、ＫＨ７８—４次研究航海の船内版クルーズレポートが見つかり、才野さんの乗船が確認できた。航海の主研究テーマを除き、私の記憶は概ね正しかったことになる。多くの方を巻き込んでしまったこの顛末を今回は書いておきたい。

今年の日本海洋学会の秋季大会は、九月一三日(土)から一七日(水)まで、長崎地区の会員のお世話で長崎大学で開催された。私は一四日の午前に仙台を発ち、一六日午前に仙台に戻るという慌ただしい日程で参加した。一五日の夜は、長崎の夜景を一望できる山の上の宴会場で懇親会が行なわれた。そこでお会いした何名かの方に才野さんの乗船の有無をお聞きしたのである。

まず、当時東大の理学研究科にいた私と同学年(なんと誕生日まで一緒)の、Ｙｏさん(現在は東京海洋大教授)である。ＹｏさんがＫＨ７８—４次研究航海に乗船していたことは確かである。彼は、才野さんが乗船していたかどうかは定かではないという。

次に、私より一学年下で、Ｙｏさんと同じく当時東大理学研究科の学生で、現在は東海大学教授のＫｕさんである。Ｋｕさんはこの航海には乗船しなかったのでわからないという。しかしながら、このような疑問であれば(船内版の)クルーズレポートを探すことが一番であり、当時海洋研の海洋物理学研究室（寺本研究室）の技術職員であったＫｉさんが持っているに違いないから、Ｋｕさんの方からＫｉさんに聞いてくださるという。なお、Ｋｉさんは私と同い年で、私も乗船するたびに大変お世話になった方である。

懇親会の日の夜、Ｋｕさんが、既にリタイアしているＫｉさんに問い合わせのメールを出して下さった。そしてその日のうちにＫｉさんから返信があった。最近一〇年間のクルーズレポートは自宅あるものの、昔のものは研究室に置いてきたという。そこ

でＫｉさんは、現在研究室にいる准教授のＯｋさんや、助教のＹａさんに調べてくれるようメールで依頼をして下さった。

九月一八日(木)の昼、Ｙａさんから、クルーズレポートが見つかり、その乗船者名簿から才野さんが乗船していたことが確認できたとのメールがあった。そして、クルーズレポートを表紙から五ページ分スキャンし、ＰＤＦファイルで送ってくれた。確かに乗船者名簿には、才野さんの名前、そしてもちろん私の名前もあった。この当時、ワープロなどなかったので手書きの原稿で、いわゆる「青焼き(青刷り)」で作ったレポートである。

Ｙａさんからメールをもらった後、すぐに、Ｋｕさん、Ｋｉさん、Ｏｋさん、Ｙａさんに御礼のメールを送った。また、以前この件でお世話になったＩさん、Ｋさん、Ｓさんにも、ＰＤＦファイルも付けて、クルーズレポートが見つかり私の疑問が解消したことの報告と御礼のメールを送った。早速Ｉさんからは、このクルーズレポートをとても懐かしく拝見した、表紙はＫｉさんのデザインですね、との返信があった。

Ｋさんからも、「私の方はお役に立つ決定的な情報を見つけることは出来ませんでしたが、調べたことで自分の(才野さん追悼集への)作文をする上で大いに役立ち、私の方がお礼すべきかも知れません」との返信があった。

以上が今回の顛末である。多くの皆さんの手を煩わせてしまった。レスポンスしてくださった皆さんに御礼申し上げたい。

ところで、「ＫＨ７８―４次」航海や「ＫＨ８１―２次」航海の意味を述べておかなければならない。「ＫＨ」は東京大学「海洋研究所」に所属する学術調査船「白鳳丸」であることを意味している。現在の白鳳丸は二代目であるが、今回話題にした研究航海時の白鳳丸は初代の方である。総トン数三二〇〇トン、長さ約七〇メートルで、当時我が国最大の研究船であった。海洋研はもう一隻研究船をもっており、こちらは「淡青丸」である。淡青丸には「ＫＴ」を頭に付けて区別する。なお、淡青丸は昨年(二〇一三年)一月、その任務を終え、新たに「新青丸」が就航した。ただし、次の７８や８１は西暦の下二桁である。アカデミックイヤーで記すことになっており、当年四月から翌年三月までの航海が対象となる。最後の数字はその年度の何番目の航海であるかを示す。白鳳丸であれば、通常年の五〜六回の航海が計画される。淡青丸であれば一〇〜二〇回の航海が計画される。

（二〇一四年一〇月一〇日）

39　研究者冥利の一つ

東京工業大学栄誉教授である大隅良典先生のノーベル医学・生理学賞受賞に沸く二〇一五年一〇月四日（火）の午後、ＸＢＴ科学に関する国際集会に出席するため東京へ向かった。

ＸＢＴとは「eXpendable BathyThermograph」のことで、日本では現在、「投下式水温水深計」と訳されている。一九六〇年代に米国海軍が開発した測定機器で、民生用にも使われている。航行する船舶から直径五センチメートル、長さ三〇センチメートル程度のプローブを海に投下し、自由落下させる。プローブにはサーミスタ（温度によって抵抗値が変化する素子）が取り付けられており、落下している間の水温の情報が得られる。ＸＢＴプローブには複数の種類があるが、多用されているのは海面からおおよそ八〇〇メートルまで計測できるＴ―７というタイプである。

ＸＢＴ計測は、精密な測定機器に比較して安価であること、また、移動する船舶から計測可能なので民間商船でも使用できることにより、海洋監視（モニタリング）の一手法として位置づけられてきた。一九八〇年代から九〇年代は年間五万本程度、近年はアルゴフロート（漂流しながら定期的に浮き沈みして計測し、データを送信するブイ）による海洋監視網が展開されたので少なくなったものの、それでも年に数万本は用いられている。

さて、今回の国際集会は、ＸＢＴを用いた海洋監視のあり方、そのデータの取り扱い方、データセットの作成の仕方など、ＸＢＴ観測の政策的なことを議論するパートと、プローブの落下速度問題に関する議論など、ＸＢＴに関係する科学を議論するパートの二つからなっていた。

四日は会合の二日目で、夜の七時半から、六本木の飲食店で主催者が招待する夕食会が開催されることになっていた。事前に、会の途中で挨拶をすることを、組織委員会の委員である研究室のＫさんや、ＭＩＲＣ（海洋情報研究センター）のＳさんから頼まれていた。

夕食会の会場となった六本木の店は、広いスペースに多くのテーブルと椅子が配置されていた。私たちのグループには、八人用の席が五列割り当てられていた。二階にも席があり、中央が吹き抜け構造であるので、二階の人は一階の人を、一階の人は二階の人を、自然と見ることになる。このようなオープンスペース構造なので話し声が飛び交ってとてもうるさく、乾杯や挨拶などのイベントは何一つできないような有り様だった。したがって、テーブルごとに自然と夕食会が始まり、近くの人たちとの会話となった。

さて、宴もたけなわとなったころ、Ｋさんから通路に出るように言われた。私の〝退職〟を記念して、参加者からお祝いのプレゼントがあるという。ＮＯＡＡ／ＡＯＭＬ（米国海洋大気庁大西洋海洋研究所＝ＮＯＡＡが有している二つの研究所の一つで、フロリダにある）のＧ・ゴニさんからは時計付きコンパスを、オーストラリアのＣＳＩＲＯ（連邦科学産業研究機構）海洋研究所の方からは、研究所があるタスマニア島のウイスキーを、そして、会に参加した研究者のメッセージが書いてある色紙を頂くことになった。

突然のセレモニーであり、とても感激してしまった。道理で、Ｋさんからは、かなり前からこの会にはぜひ出席して欲しいと何度も言われていた。このサプライズを企画していたからであったことがわかった。

今回のようなＸＢＴ科学に関する国際集会は毎年どこかで開催されるのであるが、今年日本で開催されると、今後日本で開催する機会は何年もないであろう。そこで、私が実際に退職するのは一年半後であるが、この機会を利用して、私のこれまでのＸＢＴプローブの落下速度の問題やＸＢＴ観測の仕事に感謝しよう、という話になったらしいのである。

ＮＯＡＡ／ＡＯＭＬから贈られた時計付きコンパスには、「To Dr. K. Hanawa: In appreciation for your contribution to the ocean observing system. From your friends at NOAA/AOML」と記した文字板が取りつけられていた。

また、色紙には、多くの人たちが私に対するメッセージを書いてくださった。Ｒ・コーレィ（ＣＳＩＲＯ）さんからは、「Dear Hanawa-san, Thank you for your amazing contribution to XBT Science. You will be missed in the XBT community. Best wishes for your retirement!」、そして、Ｇ・ゴニさんからは、「Dear Hanawa-san, Thank you very much for all your contribution to oceanography and to the XBT observations. You are an example for all of us. ありがとう！」と。

一年半後に迫っているとはいえ、「retirement」には少し違和感があるのだが、多くの人がこれまでの私の仕事を認めてくれて、感謝の言葉を記してくれたことは、本当に大変嬉しいものである。

さて、この夕食会では挨拶ができなかったが、実は次のような挨拶を考えていた。

・二〇年から三〇年前、私たちは自分たちを「XBT oceanographer」と呼んでいた。研究者仲間には、Ｄ・レミック（ＳＩＯ、米）やＷ・ホワイト（同）、Ｗ・モリナリ（ＮＯＡＡ／ＡＯＭＬ）、Ｇ・メイヤーズ（ＣＳＩＲＯ）らがいた。

・現在使用されているＸＢＴ水深計算式を提案した一九九五年の論文は、ＩＧＯＳＳ―ＴＴＱＣＡＳ（Integrated Global Ocean Service System-Task Team on Quality Control for Automated System）のメン

バーと一緒に書いた。メンバーには、M・ザバドス（NOAA）、A・スー（BSH、独）、P・ルアル（ORSTOM、仏）、R・ベイリー（CSIRO）らがいた。

・私がこの「XBTプローブの落下速度問題」（水深計算式の精度不足のこと）に出会ったのは、一九八五年の研究航海である。東経一三四度線に沿って、北緯三三度から二九度までCTD（電気伝導度水温水深計）とXBTを交互に用いて観測した結果、等温線に綺麗な波打ち現象（私はXBT波動と呼んだ）が出現した。これはとても自然現象として信じることができないので、XBT水深計算式に系統的な誤差が含まれていることを確信した。そして、この航海で比較実験を行なったのがこの問題への最初の関わりであった。

翌日の朝、ゴニさんとP・ゴレツキィ（BSH）さんには大要このような話をして、一九九五年に日本の雑誌に書いていた日本語による解説論文を手渡したが、ゴニさんにはサインまで求められた。

上記のように、私が〃XBT問題〃に遭遇したのが一九八五年の航海、その後、XBT問題に関する論文としてHanawa and Yoritaka (1987)、Hanawa and Yoshikawa (1991)、Hanawa and Yasuda (1992) を出版した。一九九二年には上述のIGOSS－TTQCASのメンバーとなり、集大成の論文としてHanawa et al. (1995) を出版した。この論文が契機となり、一九九五年からXBTデータの通報に使うフォーマットが変更され、翌年からはXBT水深計算式がHanawa et al. (1995) で提案したものに変更された。

XBT問題との出会いは三〇年前のことで、これに関して私自身が第一著者となった論文は二〇年前が最後である。このような過去のことに対し、今回のこのとても嬉しいサプライズである。賞をもらったわけではないが、このようなことがあるのも研究者冥利の一つである。

（二〇一五年一一月一〇日）

40　仙台市天文台のアースデイ講演会

国際連合(国連)は、二〇〇九年の総会で四月二二日を「国際母なるアースデイ(International Mother Earth Day)」と決めた。一般には単に「アースデイ」と呼ばれている。以下、ウィキペディアなども参照して、アースデイの由来を少し記す。

一九七〇年、米国ウィスコンシン州選出の民主党上院議員G・A・ネルソン(1963-1981)が、四月二二日に環境問題の討論集会を呼びかけたことに端を発して、同日をアースデイとする運動が始まり、次第に世界各地に広がっていった。このような動きを背景に、国連で地球環境について考える日としてアースデイが採択され、二〇一〇年から施行された。日本でも、四月二二日を中心に地球環境の保護と保全を目指す運動の一環として、様々な行事が行なわれてきた。

このほかにも、国連の一機関であるユネスコ(国連教育科学文化機関)が決めたアースデイも存在している。米国の平和運動家J・マコーネル(1916-2012)は、一九六九年一〇月、サンフランシスコで開催されたユネスコの大会で、地球上の生命を祝い、平和を希求するために全世界でアースデイを設けることを提案した。カリフォルニア州サンフランシスコ市長のJ・アリオト(1916-1998)はこの提案を強く支持し、一九七〇年に、三月二一日(北半球における春分の日)をアースデイとして宣言した。当時の国連事務総長のウ・タント(1909-1974)もこの宣言を強く支持した。

以後、三月二一日はユネスコ制定のアースデイとして認識され、国連本部にある「日本の平和の鐘」が鳴らされるなど、各地で行なわれるイベント活動も現在まで続いているという。この三月二一日のアースデイは、平和を目指す運動の一環として位置づけられている。

さて、仙台市天文台のアースデイ・イベントである。仙台市天文台は、以前は市中心部の西公園にあったのだが、地下鉄東西線が建設されることを受けて郊外の錦ケ丘に移設された。新天文台は二〇〇八年四月に開台し、七月から一般公開が行われた。台長の土佐誠先生（東北大学名誉教授）や意欲に満ちたスタッフによるアイデアと行動力により、種々のイベントが開催され、多くの来場者を得ている。日本でその活動がもっとも成功している天文台である。

二〇一〇年四月に行なった第一回アースデイ・イベントもそのようなイベントの一つであった。私はこの第一回から、毎年講演を頼まれてきた。大変光栄なことである。なお、第一回のイベントでは、講演のほかにコンサートや、土佐先生と私の対談なども行なわれた。第二回以降は講演のみのイベントとなった。

翌二〇一一年のアースデイ講演会は、東日本大震災からあまり日が経っていないこともあり、やむなく中止された。その翌年から再開され、今回で七回目となる。開催日は、四月二二日に近い土曜日が選ばれ、講演は一四時から一五時三〇分までの九〇分で、会場は天文台内の加藤・小坂ホールである。このホールの収容数は一〇〇名程度なので、ポスターなどには定員一〇〇名としているが、実際の参加者は、おおよそ四〇名から六〇名程度である。以下、第一回から今年の第七回までの講演題名を記しておこう。

第一回：二〇一〇年四月一七日（土）（コンサートも企画された）
「いま地球で何が起こっているか～地球温暖化を中心として～」
中　止：二〇一一年四月二三日（土）
「最近の日本の気候の変調と地球温暖化」と題して話す予定であった）
第二回：二〇一二年四月二一日（土）
「海洋における放射性物質の広がり」
第三回：二〇一三年四月二〇日（土）
「寒い冬や暑い夏にどうしてなるの？」
第四回：二〇一四年四月二六日（土）
「地球温暖化の現状～ＩＰＣＣ第５次評価報告書より～」
第五回：二〇一五年四月一八日（土）
「気象や気候に及ぼす海の影響～大気と海の相互作用について～」
第六回：二〇一六年四月二三日（土）
「エルニーニョと日本の天候」

第七回：二〇一七年四月二二日（土）
「海は泣いている〜地球温暖化と海洋〜」

以上のように取り上げた講演のテーマは、気象や気候と海洋の関係、あるいは地球温暖化と海洋に関するものである。そのような中で、二〇一二年の第二回講演会は異色である。この年は、東日本大震災時の東京電力福島第一原子力発電所の事故により、海洋に漏出した放射性物質の広がりについて、観測や数値モデルによるシミュレーション結果について解説した。私自身、当時日本海洋学会の会長（二〇一一年度から一二年度）であり、震災対応ワーキンググループの座長を務めていたこともあり、このようなテーマにした。

さて、今回のアースデイ講演会のことである。テーマを地球温暖化と海洋にしようと決めたのだが、サンゴの白化現象や海洋の酸性化を例に海洋生態系が温暖化で痛めつけられていることを強調しようと、講演題名を「海は泣いている」とセンセーショナルなものにした。

そのような内容を準備していたのであるが、この三月から四月にかけて、海洋のごみ問題、特にプラスチックごみの問題についての報道が幾つかなされた。NHK－BSでは、世界のドキュメンタリーシリーズ「現代文明社会の死角」の一つとして「海に消えたプラスチック」（原題は、Oceans: the Secret of the Missing Plastic、制作はフランスVIA DECOUVERRTE、二〇一五年）が三月九日に放送された（四月一一日に再放送）。また、四月三日に海洋研究開発機構（JAMSTEC）は、「海底ごみの映像や画像を集めた『深海デブリデータベース』を公開〜深海に沈むごみの情報を公開し、海洋環境に関する課題解決に貢献〜」と題するプレスリリースを行なった。NHKはこの発表を四月九日の朝のニュースで取り上げていた。

このようなテレビ番組や報道に接し、これは本当に「海は泣いている」状態であるとし、急遽講演の前半でこの話題も取り上げた。私たちの身の回りにはプラスチック製品が溢れており、そして相当量のプラスチックが「ごみ」として海に流れ込んでいる。それらは波などによる物理的破壊と紫外線による化学的破壊により次第に細片化され、ついには目に見えないほどのサイズになっていく。この小さなプラスチックごみをマイクロプラスチックと呼ぶ。

これらのマイクロプラスチックは生物の体内に取り込まれることが多く、実際、魚や海鳥の多くから検出されている。厄介なのは、これらのマイクロプラスチックの表面には細菌や有害な化学物質が付着しやすいことだという。ＰＣＢ（ポリ塩化ビフェニル）などの有害化学物質の付着も見つかっており、生物体内に取り込まれると濃縮され、ついには魚を食べる人間の体内にも入りうるとの懸念がある。

また、最初からマイクロプラスチックを使用している製品もある。一部の化粧品や歯磨き剤に、研磨剤としてビーズ状のものを入れているのである。これらは通常マイクロビーズと呼ばれている。家庭での使用であるが、マイクロビーズは陸上で処理されることなく、最終的には海へと流出するものと推定されている。

このため、米国などではマイクロビーズの使用を禁止する法律が制定され、来年中にはマイクロビーズを使用した製品の販売が出来なくなるという。日本での規制はまだであるが、早急な対応が求められよう。

さて、今年のアースデイ講演会にも多くの方が来て下さった。講演の後、昨年に続いて参加しました、と声をかけてくださった方も何人かおられる。本当に有難いことである。

（二〇一七年五月一〇日）

41　久しぶりに参加した「大槌シンポジウム」

二〇一七年八月二日（水）から三日（木）にかけて、岩手県大槌町中央公民館を会場として開催された、通称「大槌シンポジウム」に出席した。だいぶ前から研究室のSさんに、万難を排して出席し講演をして欲しいと依頼されていたのであった。

大槌シンポジウムとは、大槌町にある東京大学大気海洋研究所国際沿岸海洋研究センターの共同利用研究集会のことを指す。二〇一一年三月一一日に発生したマグニチュード九・〇の超巨大地震とその後の大津波で、研究センターは壊滅的な被害を被った。新センターは現在場所を移して建設中であり、震災前までは同センター講義室で開催されていたのだが、以後は大槌町中央公民館を会場としている。

大槌シンポジウムに参加するのは十数年ぶりではなかろうか。第一回大槌シンポジウムは、一九八一年一二月に、当時気象庁函館海洋気象台に勤めていた西山勝暢さんをコンビナーとして、海洋物理学や水産学の分野の人たちが集まる研究集会として開催された。私は、ちょうどその年の四月に助手になったのだが、当時の研究室担任である鳥羽良明先生（現東北大学名誉教授）経由で声がかかって参加した。

以後、このシンポジウムは毎年開催され、西山さんが五回、一九八五年までコンビナーを務められた。その翌年から二年間は私がコンビナーを務めた。例外もあるのだが、これ以降コンビナーは二年務めて次の人へバトンを渡すことが原則となった。

二〇〇〇年に、東京商船大学（現東京海洋大学）の岩坂直人助教授（現教授）がコンビナーとなって、二〇回記念シンポジウム「三陸沖海況の研究の発展　―大槌シンポジウムの20年―」が開催された。私はその時も招待され、『大槌シンポジウム』を振り返って　―北方海域研究に果たした役割―」と題する講演を行なった。この講演の内容は、月刊海洋二〇〇〇年一二月号（三二巻一二号、八〇八～八一四ページ）に掲載されているので、シンポジウムの歴史に興味ある方は参考にされたい。

さて、このシンポジウムを取り巻く状況として二つ変わったことがある。一つ目は、一九八九年の第九回から気象学分野のシンポジウムも連続した日程で開催されることになったことである。それぞれ一日半の長さが原則で、双方に出席する参加者もおられる。

二つ目は、当初は北方海域を対象とした海洋や大気海洋相互作用に関するシンポジウムに関するものであったが、最近は対象海域を絞ることなく、どんな海域の話題提供でも構わないとのスタンスになったことである。海洋も気象も、次第に研究対象域は広がっているので、これは当然の流れであろう。

さて、今年のシンポジウムは、気象のシンポジウムが先に行なわれて、海洋のシンポジウムが続いた。私の研究室のSさんが二年目のコンビナーを務めた。

今年度は私の退職の年度になる。前年度の参加者から、若手の研究者や学生向けに、何かメッセージでも話して欲しいという声が上がっていたそうだ。日程させ合えば喜んで引き受けると答え、そして決まった日程が八月の二日と三日であった。

何を話そうかとあれこれ考えて、結局「私の研究を振り返る　―その時代背景と仲間たち―」を講演の題名にした。私の研究テーマは学生時代から次第に変わっていったが、それには時代状況が大きく影響していること、そして常に多くの仲間たちと協働して研究してきたこと、などが特徴であるからである。

さて、話の方向性を決めたものの、最大の問題は準備時間の少なさであった。パワーポイントのスライド資料を用意して話そうと思ったのだが、まったく用意する時間がなく、結局一〇枚ほどの中途半端なスライド資料で臨む羽目になった。ここでは、その冒頭と最後の締めくくりの部分を紹介する。

講演の冒頭では、「自分の研究を振り返り、その時何を考えていたのか、何を目指していたのか、そしてその結果として、どのような道が開けたのか、開けなかったのか、について述べてみたい。結果として歩んできた道は、その当時の時代背景と、私とともに歩んでくれた仲間たちに大きく依存していたと言える」と述べた。

そして、講演の締めくくりとして、

「学生の皆さんへ：基本的なことを勉強しつつ、研究をしてください。特に気象学や海洋学の理論の勉強をたくさんしてください。時間を気にせず、集中してできるのは今だけなのです。

仕事に就いている若き研究者の皆さんへ‥期待されていることをこなしていることが前提ですが、自分を縛る必要はなく、興味をもったことをとことん追及してください。そして論文を書くまでやり遂げてください。（私は、論文にしていない仕事が沢山あり、死屍累々の状態なのですが…）

そして皆さんへ‥科学の分野では、仮説の提出こそ価値があるのです。過去の「仮説」にとらわれずに、その時に最良と考える「仮説」を出す勇気をもってください。（私はずいぶんためらいましたが…）」

と述べた。なお、カッコ書きは私の〝つぶやき〟である。

さて、講演を聞いた皆さんの感想はどうであったのだろう。私個人としては、準備の悪さに反省しきりである。次の機会に挽回とばかり、Sさんには「もし、来年も呼んで頂けるなら喜んで参加します」と伝えている。なお、来年は気象が三〇回目となるので、記念シンポジウムが開催される予定だという。海洋の方は三八回目となる。来年は新しい建物が竣工するので、久しぶりにセンターの施設で大槌シンポジウムが開催できることになる。

（二〇一八年八月一〇日）

42　川柳に登場した地球温暖化
―仲畑流万能川柳から―

毎日新聞三面の左下に、仲畑貴志さんが選者の「仲畑流万能川柳」欄がある。毎日秀逸一首を含む一八首が掲載される。どの句も傑作で、これを読むのが私の毎朝の楽しみ一つとなっている。

この欄、後で味わい直すこともあろうかと思い、当初は使用済みA４判の用紙に貼り付けて残していたのだが、その保管に困り、結局それらを捨てることになった。そこで二〇一五年一一月からは、A４判ノートに貼って保存している。もう丸三年経ち、今は三冊目のノートに貼り付けている。

さて、これらの川柳は時事問題や社会・風俗などを扱ったものが多いが、中には天気や天候、あるいは気候や地球温暖化に関する句も含まれる。今回はそのような中から、地球温暖化をテーマにした傑作川柳を紹介したい。作品を「　」で括り、その後ろに作者の住所と柳名、掲載された年月日を記す。

「変化する　平年並みと　いう基準」

（八尾・立地Z骨炎・2015・11・19）

平年並みとは平年値に近いということであり、平年値とは三〇年間で平均した値を指す。地球温暖化が進行している現在、平年値は一〇年ごとに高温の方へ「変化」していることを述べた川柳で、作者はこの分野に明るい方なのだろう。

「猛暑日が　夏日に格下げ　近いかも」

（茨城・ごちゃっぺ・2017・9・28）

「そのうちに　猛暑日超えて　灼熱日」

（和歌山・屁の河童・2018・8・1）

「30℃が　涼しい思う　時期が来た」

（西条・ヒロユキン・2018・8・2）

一昨年(二〇一七年)も昨年も、八月中旬までがとても暑かった。長期的に見れば、暑い日の出現頻度が確実に高くなっている。最高気温が三〇℃の日は、「今日は涼しかったですね」のご挨拶。現在は、最高気温が二五℃から三〇℃未満を夏日、三〇℃から三五℃未満を真夏日、三五℃以上を猛暑日と表現しているが、最近は四〇℃以上になることも稀ではなくなった。今後の温暖化の進行で、それぞれの用語が、格下げになるのだろうか、それとも、四〇℃以上を「灼熱日」とでも名付けるのであろうか。これは、気象庁にとって、喫緊の課題（?!）である。

「何もかも　暑さのせいに　してしまう」
（大阪・カンクー・2018・8・26）

「最近の　日記は気温の　ことばかり」
（沼津・クロヤギ・2018・9・6）

「クーラーに　命を託す　この猛暑」
（西海・うかい・2018・9・6）

昨年の東日本（気象庁の用語では、関東・甲信越、中部地方を指す）の七月の気温は、一九四六年の統計開始以来、もっとも高温であった。月平均で三℃以上も平年より高い地域が関東地方を中心に広がった。この暑さ、確かに毎日の話題の中心となった。メディアでも熱中症対策が連日のように流された。数年前の節電の呼びかけはどこへやら「クーラーの使用をためらわないで」との呼びかけもなされた。熱中症は年配者にとっては、生死にかかわる問題である。そして、こうも暑いと、何でもかんでも、暑さのせいにしたくなるのですね。

「そしてまた　夏日真夏日　ゲリラ雨」
（千葉・姫野泰之・2017・6・7）

「慈雨が消え　豪雨ばかりの　夏となる」
（鳥取・因伯兎・2017・8・2）

「ミリよりも　センチでどうだ　この雨量」
（大津・石倉よしを・2018・7・15）

暑さもすごいが、降雨も極端に激しくなることが多くなった。集中豪雨をもたらす「線状降水帯」は、もはや聞きなれた気象用語である。降れば恵みの雨（慈雨）を通り越して、被害をもたらすゲリラ雨や豪雨となる。その量は、一回の雨で、しばしば数十ミリメートルから数百ミリメートルに達する。だったら、センチメートルで表したら…とはその通りなのだが、センチメートルにしても、ゼロを一つ消すだけだから、ここは我慢をしてもらいましょう。

「この猛暑　耐えたら一年　無事終わる」
（和歌山・和恋路・2017・8・14）

「来年の　夏まで忘れる　温暖化」
（東京・緑カレー・2018・11・16）

確かに我々は「喉元過ぎれば熱さを忘れる」のだが、ここは忘れずに、温暖化抑止のために何をできるのかを常に考え、行動したいものだ。

「小さすぎ　見つけてもらえなかった　秋」
（大阪・椿組組長・2016・12・8）

「秋という　季節が確か　あったはず」
（鴻巣・ここまろ・2016・12・8）

「この国に　春と秋が　あった頃」
（霧島・久野茂樹・2017・10・11）

「春と秋　夏と冬より　短いね」
（静岡・関東一・2018・7・8）

「本当に　小さな秋に　なっちゃった」
（倉敷・中路修平・2018・11・22）

中緯度に位置する日本は明瞭な四季をもっている。しかし、地球温暖化の進行で温帯であった日本は次第に亜熱帯化する傾向にあり、季節も夏と冬に〝二季化〟してきている。すなわち、冬から夏、夏から冬への遷移が急速になり、中間の春や秋が短くなっているのである。

「日常が　季語を裏切る　温暖化」
（湯沢・馬鹿駄物・2017・2・28）

季節の進行の変化に伴い、季語も季節とそぐわなくなってきたようだ。

「わからない　天気は　みんな温暖化」
（長野・欣雀・2017・9・26）

人間、何かが起こったときは、「誰かのせい」、「何かのせい」にしたくなる。極端な気象も頻発している今日、それは「地球温暖化のせい」と言われると、なるほど、地球温暖化だからね、などと妙に納得してしまう。地球温暖化は長期の現象、極端現象は数時間からせいぜい数日の現象。現象発生の「直接」の因果関係を指摘するのは容易ではないのだが。

「どの辺が　温暖化なの　この寒さ？」
（栃木・とちじーじ・2018・2・22）

「あの暑さ　耐えた褒美か　この寒さ」
（四国中央・美酒乱々・2018・2・22）

二〇一七年から二〇一八年にかけての冬、特に一二月と二月は平年よりも寒い天候であった。そして二〇一七年は猛暑。暑い夏に寒い冬である。先にも述べたように地球温暖化の時間スケールは長いので、ひと冬の状態で温暖化に疑念をもってもらっても困るのだが、そう思いたくなる「とちじーじ」さんの心情は理解できる。「美酒乱々」さんが言うように、心に余裕（?）をもって受けとめてほしいのだが。

「咲き急ぎ　何か不穏な　温暖化」
（鴻巣・雷作・2018・6・30）

温暖化に伴い、桜の開花はどんどん早まっている。気象庁のウェブサイトに掲載されている四月一日の開花ラインの一九六〇年代と二〇〇〇年代の位置を見ると、この四〇年間で相当に北上しているのがわかる。一九六〇年代は、三浦半島から紀伊半島にかけての本州太平洋沿岸と四国、九州であったものが、二〇〇〇年代は、関東、東海、近畿、中国地方まで北上しているのである。開花の早まりは東北地方でも実感できる。

ところで、さらに調べてみると、温暖化に伴い開花が遅れるようになるという（文末の参考文献1と2）。桜の開花には、冬季の温度も重要で、ある程度低くならないと逆に「休眠解除」が遅れるので、開花までの時間が長くかかるという。すでに九州などではこれが起こっているという。将来は、開花の南北差が無くなっていくのかもしれない。

「雑草も　CO2　吸ってます」
（越谷・日埜嘉久・2018・1・8）

そうそう、忘れては困ります、雑草だってちゃんとCO2を吸っているのです。もっとも、枯れるとまた放出するので、正味カーボンフリーですね。だけど、人類みたいに大量に吐き出しているよりはずっとまし。

「温暖化　あおって原発　輸出増」
（東大和・百流・2016・2・27）

東日本大震災前は、世界中で地球温暖化対策の切り札は原子力発電だと考えられていた。震災後は急速に原発への再考が起こり、ドイツをはじめとするヨーロッパでは、脱原発が起こった。ところが事故を起こした当の日本では、原発産業が大事とばかりに原発輸出を企てている。これはどうなのだろうか。

「最大の　自業自得は　温暖化」

（福岡・名誉教授・2018・10・12）

そうなのです、そうとしか言いようがないのです。今まさに人類は、ここからどうするのかが問われているのです。知恵を出し合わないといけませんね。

今回はここまで。多くの傑作川柳が集まったら、また、この欄で紹介することとしたい。

【参考文献】

1　塚原あずみ・林陽生、2012：温暖化がサクラの開花期間に及ぼす影響。地球環境、一七巻一号、31〜36。

2　松本大、2017：近年におけるサクラの開花と冬季の温暖化。日本生気象学会雑誌、五四巻一号、3〜11。

（二〇一九年一月一〇日）

43　川柳に登場した気象予報士たち

─仲畑流万能川柳から─

毎日新聞仲畑流万能川柳から拾った傑作川柳紹介の第二弾である。

今や天気予報の解説はお天気キャスターと呼ばれている人の担当であるが、ほぼ例外なく気象予報士の資格をもつ人たちである。気象予報士は、単に解説原稿を読むだけではなく、気象に関連する知識から身の回りのことまで、かなり自由に(?)発言できる(している)ので、アナウンサーよりも注目度が高いように思える。

川柳の作者にとっても、気象予報士は格好の(いじりやすい?)対象なのであろう、仲畑流万能川柳欄にも多くの句が掲載されている。以下、今回はここ三年の間に掲載された句の中から、気象予報士に関するものを取り上げた。句の後のカッコ内は、作者の住所、柳名、掲載年月日の情報である。

【花粉の季節】

「予報士が　花粉を語り　時は春」
（東京・ささきとも・2016・5・2）

「予報士が　花粉対策　失敗し」
（神戸・芋粥・2016・6・3）

　私自身は全く感じないのであるが、今年もすでに大量の花粉が飛び始めたという。天気予報のコーナーの中で、花粉飛散の多少は春先の一番重要な情報。飛散が多い時は、洗濯物は外に干さないで、外出の時はマスクを欠かさず、帰ったら家に入る前に花粉をよく落として、などと注意を喚起してくれる。そんな予報士も、自身の対策に失敗することもあるようだ。これは医者の不養生と同じですね。

【えっ、余計なお世話！】

「鍋を喰え　温泉に行けと　予報士が」
（北九州・あっちゃん・2016・2・11）

「予報士が　クーラーつけよと　言うがない」
（東京・新橋裏通り・2017・9・6）

「予報士が　そのうち言いそ　下着まで」
（東京・野藤哲子・2018・1・25）

「予報士が　帰れ言うから　店は暇」
（大阪・椿組組長・2018・2・8）

「予報士が　ホワイトデーを　喚起する」
（東京・寿々姫・2018・4・10）

「予報士が　選んでくれた　今日の服」
（小田原・ようつう・2018・6・23）

　「…今日の日中は温かいですが夕方から寒くなるので、羽織るものをもっていた方がいいでしょう」「…暑い時には遠慮しないでクーラーを付けましょう」、はたまた「…夜には荒れるので、早めに帰宅したほうがいい…」などと。飲み屋さんが商売上がったりになるとは、これはこれは凄い影響力です。予報士の皆さん、余計なお節介を焼くよりも、「…今日、私は傘をもっていきます」などと、自分の行動で表現したほうが視聴者受けは良いかもしれませんぞ。表現について、ぜひご一考を。

【おじさん予報士のダジャレ】

「予報士の　ダジャレ受けるの　5％未満」
（東京・小把瑠都・2015・11・29）

「要りますか　予報士にその　オヤジギャグ」

（大分・春野小川・2017・10・5）

言いそうな気象予報士ですぐ思い出すのが、NHKに出ている予報士Miさんと、TBSに出ている予報士Moさん。天気予報にダジャレは求められていませんぞ。

【服装に関する素朴な疑問】

「予報士の　服装自前　なんだろか」

（北九州・森友紀夫・2016・2・17）

「予報士の　服が天気図　目立たせず」

（幸手・まりちゃん・2018・9・28）

女性予報士の服は自前なのだろうか？　これは私も疑問に思う。ほぼ毎日違う洋服なので自前ではないと思うのだが…。そうそう、「めざましテレビ」のお天気キャスターAさんの服装はスタイリストさんが選んだもので、ブランド名や値段まで発表している。ともあれ、女性キャスターの服装は、スタイリストさんがいるからであろうセンスがとてもいい。しかし、あまり突飛だったり派手だったりすると、確かにねー、天気図よりも目立ってしまうかもしれませんね。

【ハイテンションになる人も、いるいる】

「予報士を　イキイキとさす　大寒波」

（白石・よねづ徹夜・2018・2・24）

「予報士も　近頃はしゃぐ　人となり」

（東京・新橋裏通り・2018・6・9）

「予報士が　競い合ってる　豆知識」

（倉敷・中路修平・2018・6・18）

「予報士が　予報以外を　よく喋り」

（東京・新橋裏通り・2018・7・29）

確かに、寒波や熱波、台風や〝爆弾〟低気圧（NHKは、「急速に発達する低気圧」と表現）など、極端な気象現象が予想されるときは、解説にも熱がこもる。そう、こもりすぎる予報士もいる。それがはしゃぐようにも見えてしまう。自分の解説は適切なのだと、豆知識も出てくるわ、出てくるわ。ときには予報以外の分野にも及んでしまう。少し、いや大いにうるさいかもしれない。経験からすると、ハイテンションになる予報士は、全国ネットをもつキー局の予報士さんよりも、地方局の予報士さんに多そうである。予報対象地域が身近な分、乗りやすいのでしょうね。

【たまには外れることも…】

「予報士が　局に置き傘　二、三本」
（東京・とみえ波浪・2016・12・22）

「予報士の　パパをお迎え　傘さして」
（神戸・芋粥・2017・10・2）

「予報士も　皆でハズせば　恥じゃない」
（水戸・むっちゃん・2018・2・2）

昔に比べれば天気予報の精度は極めて高い。翌日から翌々日まではほぼ完ぺきに近いのではなかろうか。とはいっても、時には外れる。予報士だって職場に置き傘はしているだろうし、予報士のパパを子供が迎えに行くときもあるだろう。これはご愛敬。皆でハズせば、確かに恥じゃない。ところで、元の予報はすべて気象庁が出しています。

【その他にも…】

「予報士の　親がハラハラ　見るテレビ」
（湖西・宮司孝男・2017・5・20）

「予報士の　「ところにより」は　ココかしら」
（秦野・やっさん・2018・2・16）

「予報士の　手柄のように　桜咲く」
（東京・焦点外・2017・3・26）

「予報士が　気にしているのは　視聴率」
（倉敷・中路修平・2018・8・10）

「予報士の　女子に違反のような　色気」
（東近江・別人２８号・2018・10・5）

「予報士に　「マジで」と聞いた　若いアナ」
（大野城・そうそう・2018・11・18）

「予報士が　すぐ逃げ込む　エルニーニョ」
（西海・うかい・2016・4・8）

「予報士じゃ　ないが女房　御天気屋」
（湖西・宮司孝男・2016・5・3）

「予報士に　ビジュアル系と　癒し系」
（熊本・ピロリ金太・2016・7・17）

以上の句には、何もコメントしませんので、各自でお楽しみを。

もうおなじみの気象予報士であるが、この制度ができたのは一九九四年度である。気象業務法の改正に伴い、気象庁長官の許可を得て予報業務を行なう認可事業者は気象予報士を置くことが必要になったためである。試験は(財)気象業務支援センターが行なっている。今年(二〇一九年)三月一日現在、一万二九五名の方が気象予報士として登録されている。

この試験の受験資格には制限がないため、多様な人たちが受験している。ウィキペディアによると、二〇一七年一〇月までの時点で、合格者の最年少は一一歳一一か月の小学六年の女子児童、最年長は七四歳一〇か月の元高校教諭だという。

多様な人たちがこの試験を受験するのは大変良いことではなかろうか。この時代、「お天気リテラシー」は、誰にでも必要であり、この試験が刺激になって少しでも興味をもってくれる人が増えるのであれば、歓迎したい。

(二〇一九年三月一〇日)

＜著者略歴＞

花輪　公雄（はなわ・きみお）

1952年、山形県生まれ。1981年、東北大学大学院理学研究科地球物理学専攻、博士課程後期3年の課程単位修得修了。理学博士。専門は海洋物理学。東北大学理学部助手、講師、助教授を経て、1994年教授。2008年度から2010年度まで理学研究科長・理学部長、2012年度から2017年度まで理事（教育・学生支援・教育国際交流担当）。2018年3月、定年退職。東北大学名誉教授。2021年4月より山形大学理事・副学長。

海洋瑣談

Kaiyousadan

2023年 9 月15日　初版第1刷発行

著　者　花輪 公雄
発行者　関内 隆
発行所　東北大学出版会
〒980-8577　仙台市青葉区片平2-1-1
TEL：022-214-2777　FAX：022-214-2778
https://www.tups.jp　E-mail：info@tups.jp
印　刷　社会福祉法人　共生福祉会
萩の郷福祉工場
〒982-0804　仙台市太白区鈎取御堂平38
TEL：022-244-0117　FAX：022-244-7104

ISBN978-4-86163-386-7　C0340
定価はカバーに表示してあります。
乱丁、落丁はおとりかえします。